TDB ファイル作成で学ぶ
カルファド法による状態図計算

阿部 太一 著

内田老鶴圃

本書の全部あるいは一部を断わりなく転載または複写(コピー)することは，著作権および出版権の侵害となる場合がありますのでご注意下さい．

序　文

　合金状態図の先駆けであるロバーツ・オーステンによるFe-C状態図の作成から約100年が過ぎた．この間，合金状態図の研究は大きな進展を遂げてきたのは周知の通りである．そして，その推進役となっているのが1970年頃から始まったカルファド(CALPHAD:CALcuation of PHAse Diagrams)法である．CALPHAD法により状態図を計算で求める試みは，単に二元系や三元系の実験データを再現できるだけにとどまらず，それらを組み合わせて多元化することにより(それほど簡単な作業ではないが)，実用多元系合金の状態図を推定できる点が大きな強みである．すなわち，多元系データベースの構築により，CALPHAD法を基礎とした計算状態図の適用範囲と有用性が飛躍的に向上したといってもよいだろう．

　データベースの基礎となる各相のギブスエネルギー関数は，熱力学解析によって精緻に評価・決定され，学術論文として毎年数多く発表されている．特に近年ではこれまでほとんど実験データがなかったランタノイド系やアクチノイド系の状態図も精力的に熱力学解析が進んでいる．一方，過去に熱力学解析がなされている状態図に関しても，最新の実験データや第一原理計算結果などを用いて，より詳細な再解析が行われ，ギブスエネルギーの高精度化が図られている．この典型例としては先に触れたFe-C二元系状態図が挙げられるだろう．しかし，残念ながらこれら最新の解析結果は，熱力学計算ソフトウェアの一般ユーザーがすぐに利用できる状況にはない．論文発表されていながら，なかなか熱力学データベースとして利用できないのが現状である．これは，熱力学解析の結果の迅速な普及，そしてより広いユーザーの獲得に対して，大きな障害となっている．また，すでに熱力学計算ソフトウェアを使い込んでいるユーザーであれば，実験データに合わせて，データベースを修正したい，または市販のデータベースに集録されていない新たな元素や相を追加したいと考えるだろう．そのためには，データベースファイル中のパラメーターを理解し，

論文から自分でデータベースを書き起こす必要があるが，多くの論文でパラメーターの誤植などがあり，それらを修正し正しいデータベースファイルを作成する作業は簡単ではない．

この問題に対する取り組みとして，2007年からNIMS熱力学データベースが構築されている．このデータベースには，最新の論文などから書き起こされた約250の二元系・多元系合金のデータベースファイルが集録されている．そして，この間，筆者らのグループでは熱力学データベースの作成方法やパラメーターの修正テクニックなど，多くの経験を蓄積してきた．これらのプロセスは骨の折れる作業であるが，CALPHAD法と熱力学モデルに関する理解をさらに深めることに確実につながっている．すなわち，CALPHAD法を学ぶためには，まず論文からデータベースファイルを作成してみることが最短コースであり，そのためには，それらを解説したテキストが有効である．しかし，これまでに計算熱力学や状態図の読み方についてはいくつものテキストがあるが，熱力学データベースに関する解説や種々の熱力学モデルをどのようにしてデータベースファイルとして記述するのかなど，データベース作成に関するテキストはほとんど見当たらない(唯一Thermo-Calc社が無償提供している英語のマニュアルがある)．したがって，本書の目的は，これからCALPHAD法や状態図計算を学ぼうとする方々のため，熱力学データベースの作成方法とそこで用いられる熱力学モデルを解説することである．それにより，研究者・技術者にとって強力なツールである熱力学計算の理解を助けると共に，計算状態図のさらなる普及を図るものである．

そしてデータベースを作成できるようになれば，熱力学アセスメントまであと一歩である．この点は，既刊「材料設計計算工学 計算熱力学編」に詳しいので併せて参考にしていただければ幸いである．また，本書で取り上げているデータベースファイルの記述例，APPEND機能のテスト用ファイルなど必要なファイルはウェブサイトNIMS熱力学データベースからダウンロードできるので，こちらも併せて利用していただきたい．

最後に，本テキストは，物質・材料研究機構(NIMS)の状態図データベース作成グループである橋本清，澤田由紀子，Tatiana BOLOTOVA，藤田咲也の各氏との苦労の結晶である．これまでに，第2章に書かれているデータベース

作成に関する多くの問題点を共に乗り越えてきたからこそ，このテキストが生まれたといっても過言ではない．本書の執筆に当たっては，長谷部光弘先生（九州工業大学名誉教授）に初稿を精読していただき，多くの貴重なご意見をいただいた．それにより筆者の誤解していた点の多くを修正することができた．ここに心から感謝の意を表する．また，熱力学計算ソフトウェア CaTCalc の開発者である菖蒲一久氏（産総研），ソフトウェア・データベースのユーザーである戸田佳明氏（NIMS）にも，それぞれの専門的な視点から多くの貴重なご意見をいただいた．このテキストを精読いただいた各氏に心から感謝する．

2015 年 4 月

阿部　太一

目　次

序　文 ·· i

第1章　CALPHAD法 ·· 1
1.1　CALPHAD法の概略 ··· 1
1.2　熱力学計算ソフトウェア ··· 2
1.3　熱力学データベース ·· 4

第2章　データベースの作成 ··· 9
2.1　TDBファイルの構造 ·· 10
2.2　TDBファイルの書き方 ··· 12
　　TDBファイルの記述のルール/元素の定義/相の定義/成分の定義/
　　パラメーターの定義/関数の定義/Type-definition/そのほかの定義式
2.3　熱力学モデルの記述 ·· 27
　　理想気体の記述/置換型溶体モデル/副格子モデル/会合溶体モデル/
　　二副格子イオン溶体モデル/Split-CEF（四副格子FCC/HCP相）/
　　Split-CEF（四副格子BCC相）/磁気過剰ギブスエネルギー
2.4　TDBファイル作成時のチェックポイント ·· 45
2.5　状態図が再現できないときのチェック項目 ·· 45
2.6　まとめ ··· 52

第3章　熱力学モデル ·· 55
3.1　純物質（元素）のギブスエネルギー ·· 55
3.2　磁気過剰ギブスエネルギー ·· 59
3.3　ガス相のギブスエネルギー ·· 62
3.4　溶体相のギブスエネルギー ·· 62

3.5 副格子モデル ··· 68
　化学量論化合物のギブスエネルギー／不定比化合物のギブスエネルギー
　（二副格子）／侵入型固溶体のギブスエネルギー／規則-不規則変態をする
　化合物のギブスエネルギー
3.6 液相の熱力学モデル ··· 82
　会合溶体モデル／二副格子イオン溶体モデル

第4章　OpenCALPHADによる熱力学計算 ···························· 89

4.1 ソフトウェア概要 ·· 89
4.2 OCのインストール・起動方法 ·· 90
4.3 マクロファイルとログファイル ··· 92
4.4 OCのディレクトリ構造 ··· 92
4.5 OCのコマンド ··· 93
4.6 OpenCALPHADを用いた計算例 ··· 94
　一点平衡計算／一変数計算（ステップ計算）／二変数計算（MAP計算）

付　　録 ··· 101

付録A1.1　既存のデータベースへのデータの追加と修正方法 ············· 101
付録A1.2　PANDAT用CSAモデルの記述 ······································ 102
付録A1.3　Thermo-Calc用Fオプション，Bオプションの記述 ·········· 105
付録A2.1　Kopp-Neumann（K-N）則に関する補足 ·························· 106
付録A2.2　異なる侵入型副格子間の変換 ·· 107

総　索　引 ·· 111
欧字先頭語索引 ··· 114

CALPHAD 法

1.1 CALPHAD 法の概略

19世紀後半から始まった状態図の研究により，二元系状態図に関してはある程度わかってきたといってもいいだろう[1]．しかし，実用合金のような多元系(〜10元系)となるとその組み合わせは膨大なものとなり，さらに温度や圧力などの実験条件の制約もあるため，実験のみで状態図を求めるのには多大な労力が必要となる．この困難さを乗り越えるため，コンピューターにより状態図を計算する試み(CALPHAD法：CALculation of PHAse Diagrams)がなされるようになってきた．このCALPHAD法とは，熱力学モデルを立てて各相のギブスエネルギーを記述し，既知の種々の実験データを熱力学的に解析し，コンピューターを援用して各相のギブスエネルギーの記述に必要な熱力学モデルのパラメーターを決定することで状態図を求める一連の手法である．この熱力学モデルのパラメーターを決定する手続きを熱力学アセスメント，または熱力学解析と呼んでいる．このCALPHAD法による熱力学解析は，コンピューターの発展に伴って1970年代中頃から広く行われるようになった．その特徴は，厳密な物理モデルを用いるのではなく，汎用性や実用合金(多元系)への拡張性を考慮し，比較的シンプルな熱力学モデルを用いる点にある．すなわち，この両者(物理的整合性と実用への拡張性)のバランスをとることが重要となる．

CALPHAD法が始まった初期(60〜70年代頃)のコンピューター[2]の処理能力には限界があったが，1990年代以降のCPU能力の急速な向上により，統計力学的手法や第一原理手法による推定が実験手法と合わせて広く用いられるようになり，状態図の決定において重要な役割を担うようになってきている．これはコンピューターの高速化だけではなく，市販の第一原理計算パッケージの

普及によるところも大きいだろう．特に実験の難しい系（超高温・極低温における相平衡）や準安定系の熱力学量を推定する手法として，それら計算科学的手法は大きな力を発揮している．ここで，統計力学計算や第一原理計算から見たCALPHAD法による状態図の熱力学解析とは「粗視化」である．すなわち，統計力学で取り扱ってきた原子の集団的な振る舞い，各原子の振る舞いを思い切ってマクロ・均一系に焼きなおしてしまうことである．その典型例としては，配置のエントロピーの表現があげられるだろう．すなわち，短範囲・長範囲規則化の表現に必要なクラスター確率やクラスター有効相互作用エネルギーなどは陽に現れることはなく，CALPHAD法ではあくまでもBragg-Williams-Gorsky(B-W-G)近似（ランダム混合，最近接対相互作用）をベースとした自由エネルギー形式へと単純化されている．しかし，70年代と比較してコンピューターの処理能力が格段に向上した現在，これからのCALPHAD法の流れは，実用性と拡張性を保ったまま，より物理的に精緻なモデルを用いる方向に向かうはずである．たとえば，B-W-G近似だけではなく，クラスター変分法(CVM：Cluster Variation Method)を用いたより精密な配置のエントロピーの表現や，現在のCALPHAD法では対象としていない，室温以下の温度域における熱力学量の記述である．ただし，それらより厳密な物理モデルを用いた多元系状態図データベースが構築されるまでにはまだまだ時間がかかるだろう．

1.2 熱力学計算ソフトウェア

表1.1に現在までに公開されている熱力学計算ソフトウェアを示す．これらは1990年代からそのリリースが始まり，現在では多くの熱力学計算ソフトウェアが利用できる．表に示したように，一部例外はあるが，ほとんどのソフトウェアでTDB(Thermodynamic DataBase)形式のデータベースファイルを読み込むことができる．TDBは熱力学データベースファイルの拡張子で，最も一般的な熱力学データベースの記述形式である．このTDBファイルの作成について第2章で詳しく取りあげる．

各ソフトウェアで使用できる熱力学モデルはほぼ共通しているが，一部例外

表 1.1 代表的な状態図・熱力学計算ソフトウェア一覧.

プログラム	開発元	最新バージョン 2015.4.7	TDBファイル	概要	ウェブサイト
(1) Open-CALPHAD	B. Sundman	Ver. 2.0	○	フリーのオープンソースコード. 種々の熱力学計算が可能.	[3]
(2) CaTCalc*	AIST	Expert	○	種々の状態図計算ができる. 特に酸化物系状態図の計算に有効. デモ版を入手可能.	[4]
(3) MatCalc	Vienna Univ.	Ver. 5.61.1003	○	平衡計算, TTPなどの析出計算. デモ版を入手可能.	[5]
(4) Thermosuite	Thermodata	—	×	状態図計算, 熱力学計算が可能. デモ版を入手可能.	[6]
(5) FactSage*	ThermFact/GTT	Ver. 7.0	○**	状態図計算だけではなく幅広い熱力学計算が可能. 化学反応など化学熱力学計算に有効.	[7]
(6) PANDAT*	CompuTherm	2014	○	熱力学量・状態図計算用ソフトウェア.	[8]
(7) Thermo-Calc*	Thermo-Calc Software	4.1	○	幅広い条件設定ができ種々の熱力学量の計算が可能. デモ版を入手可能. TCWとTCCが統合された.	[9]
(8) Lukas Program*	H. L. Lukas	—	×	熱力学モデルのパラメーターを最適化するためのソフトウェア. ウェブサイトより入手可能.	[10]

*:オプティマイザー有.
**:TDBファイルの使用可否(FactSageはファイル変換プログラムが別途必要).

がある．たとえば，四面体クラスターなどより大きなクラスターを使って配置のエントロピーを記述するクラスター・サイト近似は PANDAT (Ver. 8.1 以降で可能だが，まだ試用版である) のみ，溶体中の短範囲規則化の効果を取り入れた擬化学モデルは FactSage, Thermo-Calc でのみ取り入れられている (CaTCalc では現在準備中である)．また，熱力学アセスメント (実験値などを基に熱力学モデルのパラメーターを最適化する作業) が可能なモジュールを備えているソフトウェアとしては，Thermo-Calc (Parrot モジュール)，PANDAT (Pan-Optimizer)，FactSage (Opti-Sage)，Lukas Program (BINGSS) がある．CaTCalc では CaTCalc expert としてパラメーター最適化モジュールの試用版が公開されている．最近の流れとしては，2013 年に Sundman らにより開発されたフリーのオープンソースコード OpenCALPHAD[3] がある．この OpenCALPHAD については，第 4 章で詳しく取りあげる．これらのソフトウェアの中で，PANDAT，CaTCalc，Thermo-Calc では試用版を無償でダウンロードできる．機能は三元系までの計算に限られているが，本書の内容を試すには十分である．OpenCALPHAD と合わせて，試してもらいたい．

これらの熱力学計算ソフトウェアに加えて，近年の開発の流れは，Langer-Schwartz モデルを基本とした析出シミュレーションである．たとえば，TC-Prisma (Thermo-Calc 社)[9]，PAN-Precipitation (CompuTherm 社)[8]，MatCalc[5] がある．特に MatCalc の開発元ではウェブサイト上で幅広い例題とそれらのスクリプトファイルを公開しており，興味のある方は参考になるだろう．

1.3 熱力学データベース

TDB 形式は，当初は Thermo-Calc 用の熱力学データベース形式を指すものであったが，2000 年以降発表された後発の熱力学計算ソフトウェアが TDB 形式をサポートしたため，現在では一般的なデータベースの記述形式となっている．ただし，ソフトウェアによっては一部互換性のない記述方法もあり注意が必要である．この点は第 2 章で取りあげる．

現在市販されている多くの多元系合金データベースは暗号化されており，ど

のようなパラメーター値がデータベース中に集録されているかを確認できない．そのため，実験結果と整合する計算結果が得られても得られなくても，その原因が実験手法や実験精度にあるのか，計算に使ったデータベースにあるのか判断できない．それらデータベースについてもパラメーターの公開が望まれるが，今後もこの傾向は変わらないと思われる．**表1.2**には暗号化されていないデータベースのリストを示す．そのほかにも多くのデータベース（暗号化されているもの）が市販されているが，それらは表1.1にまとめた各ソフトウェア開発元のウェブページをご覧いただきたい．表1.2の(1)～(4)は無償

表1.2 内容が確認できる熱力学データベースの一例．

データベース	略称	開発元	概要
(1) NIMS熱力学データベース*[11]	—	NIMS	論文発表されている二元系状態図のTDBファイルを集録している．現在200以上の二元系のファイルがダウンロードできる．
(2) NIST半田データベース*[12]	solder.tdb	NIST	はんだ合金用のデータベース．Pb, Sn, Ag, Bi, Cu, Sbの6元素のデータを集録している．
(3) Fe基合金データベース*[5]	mc_fcm.tdb	MatCalc	Fe-Co-Mn-Siをカバーしている．このほかにもAl, Mg, Ti系のデータベースも揃えている．
(4) SGTE Pureデータベース*[13]	unary 5.0	SGTE	純物質（元素）のデータベース．カルファド法における熱力学解析の基本となるデータである．
(5) Ni基合金データベース[14]	TTNI8	Thermotech	Ni基合金用のデータベース．多くが未発表データであるが，TDB形式でデータベースの中身を見ることができる．
(6) GTT酸化物データベース[7]	GTOX	GTT Technologies	酸化物状態図計算用のデータベースである．会合体モデルを用いている．
(7) Thermo-Calc Publicデータベース[9]	pbin.tdb	Thermo-Calc software	Thermo-Calcに付属してくる二元系用のデータベースである．同様にpternという三元系用のデータベースもある．

*：無償データベース．

データベースである．これらのデータベースファイルは，テキストエディターで内容が確認でき，ユーザーによるパラメーターの確認・修正・追加が可能である．表1.1，表1.2には各熱力学計算ソフトウェア，熱力学データベースの概略も述べてあるが，順次アップデートが進められているため，最新情報については，開発元や販売元のウェブサイトを参照していただきたい．

第1章 参考文献

[1] T. B. Massalsky, H. Okamoto, P. R. Subramanian and L. Kacprzak (ed.): Binary Alloy Phase Diagrams 2nd edition, ASM Int. (1990).
[2] チャールズ・イームズ，レイ・イームズ（訳：和田英一，山本敦子），コンピュータ・パースペクティブ，筑摩書房 (2011).
[3] OpenCALPHAD: http://www.opencalphad.com/
[4] CaTCalc: AIST, https://staff.aist.go.jp/k.shobu/CaTCalc/
[5] MatCalc: http://matcalc.tuwien.ac.at/
[6] Thermosuite: http://thermodata.online.fr/
[7] FactSage: GTT Technologies, http://gtt.mch.rwth-aachen.de/gtt-web/factsage
[8] PANDAT: CompuTherm, http://www.computherm.com/
[9] Thermo-Calc: Thermo-Calc software AB, http://www.thermocalc.se
[10] Lukas Program: http://www.met.kth.se/~bosse/BOOK/
[11] NIMS 熱力学データベース：http://www.nims.go.jp/cmsc/pst/database/
計算状態図データベース：http://cpddb.nims.go.jp/
[12] NIST Solder database: http://www.metallurgy.nist.gov/phase/solder/solder.html
[13] SGTE: http://www.crct.polymtl.ca/sgte/index.php?free=1
[14] Thermotech: http://www.thermotech.co.uk/databases.html
[15] I. Ansara, A. T. Dinsdale and M. H. Rand: COST507: Thermochemicaldatabase for light metals alloys, European Communities, Luxembourg (1998). TDB ファイルが次のサイトからダウンロードできる：http://www.met.kth.se/~bosse/BOOK/CTBOOK.html

2 データベースの作成

　熱力学解析の結果得られた各相のギブスエネルギー関数を集録し，熱力学計算ソフトウェアで実行可能な形式で記述したものがデータベースファイルであり，ソフトウェアに依存していくつかの形式があるが，その中でTDB(Thermodynamic DataBase)ファイルと呼ばれる形式は，Thermo-Calc, PANDAT, CaTCalc, OpenCALPHADなど，多くの熱力学計算ソフトウェアがサポートしている形式である．データベース形式の異なるFactSageのユーザーでも，別途変換プログラムCSFAP(ChemSage File Administration Program)を用いれば，TDBファイルが使用可能である．したがって，TDBファイルを文献から自分で書き起こすことができれば，対象とする合金系が既存のデータベース中になくても元素や相を追加でき，新しいアセスメント結果が発表されれば，すぐにその結果を取り入れることもできるだろう．これらに加えてデータベースを自分で作成することによって得られる大きな利点は，熱力学モデルへの理解が進むことである．すなわち種々のパラメーターの相平衡に及ぼす影響をより深く理解できるようになるだろう．TDBファイル作成に当たっては，チェック項目が多く，一部テクニカルでもあり，最初は難しいと感じるかもしれないが，これが状態図，熱力学モデル，熱力学アセスメントを理解するための最短コースである．

　表1.1に示したように，TDBファイルは多くのソフトウェアがサポートしている形式であるが，TDBファイルの記述には細かい違いがある．ここではユーザー数が多いPANDAT(Ver. 8.1)，Thermo-Calc(Ver. S以降)を用いることを想定している．一部の機能はCaTCalc Ver. 1以降でも動作チェックをしている．ソフトウェアは年々バージョンアップされており，それによって若干定義式が変更される可能性もあるため，最新の情報は各ソフトウェアのユーザーマニュアルを参照していただきたい．しかし，いろいろなソフトウェアのこれまでの更新傾向を眺めると，それらの変更は主に軽微な変更と新しい関数

の追加であり，Thermo-Calc が市販された 90 年代から，TDB ファイルの基本的な記述・構造は変更されていない．したがって，今後，機能や熱力学モデルの追加は進むと思われるが，ここで取りあげる TDB の基本的構造は変わらないと思われる．

また，ゼロから TDB ファイルを作成するのではなく，既存の TDB ファイルを部分的に修正したいというユーザーもいるだろう．たとえば Fe 基や Ni 基合金用などの，既存の熱力学データベースをすでに持っている場合には，全てのギブスエネルギー関数を網羅したデータベースではないため，たとえば新しい相や一部のパラメーターだけを加えたり修正した計算が有効なこともあるだろう．その場合には，付録 A1.1 を参考にしていただきたい．

2.1 TDB ファイルの構造

TDB ファイルは，大きく次の六つの部分に分けられる．
 1. ヘッダー，2. 元素と成分の定義，3. 関数の定義，4. Type-definition,
 5. 相の定義，6. パラメーターの定義

各部を記述する順番はデータベースによって様々であり，一部は順番を入れ替えることも可能であるが，上述の順番で記述すると読みやすいデータベースファイルになるだろう．次に各部の役割を簡単に説明する．

- **ヘッダー部**

ファイルの作成者やパラメーターの出典など，この TDB ファイルに関する情報を記述する．バージョンアップ時の変更点などが記載されている場合もある．NIMS 熱力学データベース[1]では，論文のミスプリントなど TDB ファイルを作成するにあたって修正した点もここに記述している．

- **元素と成分の定義**(ELEMENT ライン，SPECIES ライン)

このデータベースに含まれる元素の定義を行う．また，SPECIES として，分子，会合体，イオン種，ガス種の定義を行う．

- **関数の定義**(FUNCTION ライン)

ギブスエネルギーの記述に用いる種々の関数を定義する．主に純元素のギブスエネルギー関数を定義することが多いだろう．TDB ファイル内で繰り返し

使う関数があれば同様に FUNCTION ラインで定義しておくことで，相とパラメーターの定義において，その相のパラメーターの見通しがよくなるだろう．

- **Type-definition**

磁気過剰ギブスエネルギー，規則-不規則変態モデル(Split-CEF，3.5.4 節参照)など，相に付随する情報の定義を行う．ここで定義した条件は，相を定義する PHASE ラインで呼び出される．

- **相の定義**(PHASE ライン，CONSTITUENT ライン)

相の名前，副格子の数，副格子のモル数，相に含まれる構成成分，Type-definition の呼び出しなど，相に関する定義は PHASE ラインで行う．相の成分の定義のみ，別途 CONSTITUENT ラインで行う．

- **パラメーターの定義**(PARAMETER ライン)

表 2.1 A-B 二元系の記述例．

```
 1  $ -------------------------------------------------------------
 2  $
 3  $A-B 二元系状態図      阿部太一   2014.7.1
 4  $TDB ファイルの記述例
 5  $ -------------------------------------------------------------
 6  ELEMENT   A    BCC   10   0   0 !
 7  ELEMENT   B    BCC   20   0   0 !
 8
 9  FUNCTION RR                  298.15   +8.3145;           6000 N !
10
11  TYPE_DEFINITION % SEQ * !
12
13  PHASE LIQUID : L % 1 1 !
14  CONSTITUENT LIQUID : A, B : !
15  PARAMETER G(LIQUID, A ; 0)    298.15   +0;               6000 N !
16  PARAMETER G(LIQUID, B ; 0)    298.15   +0;               6000 N !
17  PARAMETER G(LIQUID, A, B ; 0) 298.15   -10000;           6000 N !
18
19  PHASE SOLID % 1 1 !
20  CONSTITUENT SOLID : A, B : !
21  PARAMETER G(SOLID, A ; 0)     298.15   -1000*RR+RR*T;    6000 N !
22  PARAMETER G(SOLID, B ; 0)     298.15   -2000*RR+RR*T;    6000 N !
23  PARAMETER G(SOLID, A, B ; 0)  298.15   -5000;            6000 N !
```

相のギブスエネルギーを記述するパラメーターを定義する．ここで，FUNCTION ラインで先に定義した種々の関数が呼び出される．

TDB ファイルの記述例を**表 2.1** に示す．この TDB ファイルでは，仮想 A-B 二元系状態図が記述されている．ここでは行の左端にわかりやすいように行番号を付してあるが，実際の TDB ファイルでは用いない．上から 1-5 行がヘッダー部，6-7 行目が元素の定義，9 行目が関数 (RR) の定義，11 行目が Type-definition，13-14 行目が LIQUID 相の定義，15-17 行目が LIQUID 相のパラメーターの定義である．同様に 19-23 行目は SOLID 相に関する定義になる．ここでは元素 A と B の融点をそれぞれ 1000 K と 2000 K としている．

2.2　TDB ファイルの書き方

2.2.1　TDB ファイルの記述ルール

本節では，TDB ファイル全体に共通する記述ルールを説明する．ソフトウェアによってルールが若干異なっており，複数のソフトウェアを用いる場合には注意が必要である．

- コメント文

行の初めの "$" は，その行がコメント文であることを意味している．Thermo-Calc では行の途中からのコメント文の挿入は許されていないが，PANDAT では式の途中からコメントを加えることが可能である．たとえば，表 2.1 のパラメーター (17 行目) を例にすると，PANDAT では以下のように追加でき，"$" 以降の部分がコメント部分と理解される．またコメントは日本語でもよい（ソフトウェアで読み込むと日本語部分は文字化けするがエラーにはならない）．

PARAMETER G(LIQUID,A,B;0) 298.15 −10000; 6000 N! $Ref.4　(2.1)

- 最大文字数

Thermo-Calc では，1 行に書くことができる最大の文字数が 80 文字と決まっている（開発当初のフォートラン形式の名残と思われる）．記述が 80 文字

よりも長くなる場合には改行すればよい．たとえば下記のように改行して記述する．PANDAT などほかのソフトウェアでは，1 行の文字数制限はないが，適度に改行を入れておくと見やすい TDB ファイルになるだろう．ただし改行したときには 1 文字目を空白にすること．

PARAMETER G(BCC_A2,B:VA;0) 298.15 +35778.716+94.894864*T−15.6641*T*LN(T)
    −6.864515E−3*T**2+0.618878E−6*T**3+370843*T**(−1); 3000 N!   (2.2)

- **定義式の終了**

 すべての定義式の最後には "!" を付ける．式 (2.2) のように 1 行目の最後に "!" が付いていないと次の行まで定義式が続いていると解釈される．

- **空白行**

 表 2.1 の 8，10，12，18 行目（空白行）は何も書かれていないのでそのままスキップされる．ファイルの内容全体を見やすくするために適当に挿入するとよいだろう．ただし，何も書かれていないようでも特殊記号が入っているとエラーになる．これを避けるために，空白行の行頭には "$" を入れておくとよいだろう．

- **Thermo-Calc 上の実行に必要な Type-definition ライン**

 11 行目は Thermo-Calc で実行するときに必要となる定義である．Thermo-Calc では，Type-definition でこの SEQ（シーケンシャルファイル）の定義をしないと動かないが，ほかのソフトウェアでは不要である．この Type-definition については 2.2.7 節で説明する．

- **記述の短縮**

 たとえば元素を定義する 6 行目の ELEMENT は，ELEM や ELE と短縮できる．ほかの定義も，その定義がほかの定義と区別できる長さまで短縮できる．ELEMENT の場合，たとえばほかに E で始まる定義がなければ，E と表記すればよいが，ENTER ラインによる定義があるため ELEMENT に対してはそれらと区別できる EL が最短の形式となる．後述のパラメーター記述例ではいくつか短縮形を用いているのでそれらも参考にしてほしい．

- **パラメーターの単位**

 TDB ファイルでは SI 単位を用いる．ギブスエネルギー G [J/mol]，圧力 P

[Pa]，温度 T［K］である．［mol］は原子 1 モル，または分子・化合物 1 モルが用いられているが，この点は後節の相の定義で取りあげる．

- **元素の並び順**

Redlich-Kister（R-K）級数項の記述において，副格子中の成分は常にアルファベット順で記述すること（R-K 級数については，3.4 節を参照）．表 2.1 であれば G(SOLID,**B**,**A**;0) ではなく，G(SOLID,**A**,**B**;0) と記述すること．Thermo-Calc ではどちらの記述も同じ意味になるが，PANDAT と CaTCalc では，アルファベット順を逆にすると，R-K 級数の右辺の $(x_i - x_j)^n$ が本来のアルファベット順ではなく定義した順番になってしまう．すなわち，G(SOLID,B,A;0) と定義すると $(x_B - x_A)^n$ として計算される．それにより n が 0 または偶数項であれば関数形は変わらないが，奇数項は符号が逆転する．

- **大文字と小文字**

Thermo-Calc では，関数名や相名は小文字で記述するとエラーとなる．そのほかの記述でも小文字が混じっていることでエラーが現れることがある．また，ソフトウェアやバージョンにも依存するため，TDB ファイルはすべて大文字で記述すること．

- **演算記号**

割り算記号 "/" は用いることができない．たとえば，A/T ではなく，A*T**(-1) と記述する．

2.2.2　元素の定義

元素の定義には ELEMENT ラインを用いる．引数は左から，元素名，標準状態（SER：Standard Element Reference, 298.15 K, 10^5 Pa）での結晶構造，原子量［g/mol］，SER でのエンタルピー値［J/mol］，SER でのエントロピー値［J/mol/K］である．Thermo-Calc や PANDAT では，"X" や "XX" のような仮想元素を定義できる．ただし 2 文字までの長さ制限があり "XXX" は認められない．また CaTCalc では仮想元素は定義できないため仮想 A-B 二元系であれば B-C（ボロン-炭素）などの実在元素で代用するとよいだろう．式 (2.3) は Ag の記述例である（SGTE Unary Database Ver. 5.0）．原子量は重量分率⇔原子分率の変換に用いられるが，エントロピーとエンタルピー値はプロ

グラム中で用いない．

　　ELEMENT AG FCC_A1　1.0787E+02　5.7446E+03　4.2551E+01！(2.3)

元素のほかに，分子，会合体，イオンの定義を行う．これらを SPECIES と呼び，定義には式(2.4)のように SPECIES ラインを用いる．以下にそれぞれの記述例を示す．上から分子，会合体，二価の陰イオン，二価の陽イオンである．

　　SPECIES GASN2　N2！
　　SPECIES CU2ZR　CU2ZR1！
　　SPECIES O-2　　O1/-2！
　　SPECIES TI+2　　TI1/+2！　　　　　　　　　　　　　　　　(2.4)

定義式の記述は，左からここで定義する SPECIES の名称，分子と会合体では組成，イオンであれば組成と価数（スラッシュ"/"で区切る）である．式(2.4)からわかるように，分子と会合体の違いはこの定義には現れない．また，組成の記述では1を省略することはできないので注意すること．すなわちO1/-2 を O/-2，CU2ZR1 を CU2ZR とは書けない．SPECIES の名称には長さ制限があり，最大24文字である．+，-，_，/も名称に含めることができるが，"("と")"は不可である．

2.2.3　相の定義

　相の定義には PHASE ラインを用いる．このラインでは相の構成成分の定義以外の相に関する全ての情報を定義する（式(2.5)参照）．引数は左から相の名称（最大24文字まで），Type-definition で定義したこの相に関する付加情報の呼び出し，副格子の数，第一副格子上の格子点のモル数，第二副格子上の格子点のモル数（副格子が二つある場合），定義式の終了(!)．式(2.5)では"%"で表される付加情報が呼び出されているが，この"%"で呼び出される付加情報は，通常，後述する SEQ の呼び出しである(2.2.7節 Type-definition を参照)．また，複数の付加情報を呼び出すことも可能であり，Thermo-Calc では最大8個まで呼び出すことができるが，通常は最大で三つ(SEQ，磁気過剰ギ

ブスエネルギー，Split-CEF(3.5.4 節参照))だろう．1 行目は，FCC 相の定義で副格子分けはない．次は，B2 相で二つの副格子からなり，第一，第二副格子ともに 0.5 モルである．3 行目は，イオン液体でアニオンとカチオンの二つの副格子からなる．イオン液体の場合には，モル数は共に 1 モルとしておけばよい(実際には組成に応じて中性条件を満足するようにソフトウェア内で計算される)．

$$
\begin{aligned}
&\text{PHASE FCC \% 1 1 !} \\
&\text{PHASE B2 \% 2 0.5 0.5 !} \\
&\text{PHASE LIQUID:Y \% 2 1 1 !} \\
&\text{PHASE GAS:G \% 1 1 !}
\end{aligned}
\tag{2.5}
$$

式(2.5)の液相のように，相の名称には"："で区切ってオプションが用いられることがある．表 2.1 の 13 行目では Liquid：L となっているが，この L は，Cr-Fe 融液などの通常の液相を意味している．それ以外には，以下にあげた記号がある(この中で L だけは省略可能である)．また，これらに該当しない固相については，何も付ける必要はない．たとえば上述の B2 や FCC は，イオン結晶でなければ何も付けなくてよい．

L ：液相(水溶液，イオン液相以外の液相)
G ：ガス相
A ：水溶液
Y ：イオン液相(二副格子イオン溶体モデル)
I ：イオン結晶(マグネタイト，スピネルなど)
F ：四副格子 FCC 固相(または四副格子 HCP 固相)
B ：四副格子 BCC 固相
C ：CSA モデル(Cluster/Site Approximation)

これらのうち F と B オプションは Thermo-Calc のみで用いられる．F と B は規則-不規則変態を記述する四副格子モデルのパラメーター入力を簡略化するもので，これによりいくつかの等価なパラメーターの入力を省略できる．しかし，ほかのソフトウェアとの互換性を確保するためにも，F と B オプション

の使用はあまり推奨できない．詳細は後節で取りあげるが，FやBオプションを用いなくても全てのパラメーターを記述すればよい．CオプションはCSA (Cluster/Site Approximation モデル，付録 A1.2 参照) を意味しておりPANDATのみで用いることができる．そのほかのL，G，A，Y，Iはソフトウェアに共通しているオプションである．

また，式(2.6)の2行目のように副格子を定義した後に，78文字までその相の説明を加えることができる．ここで入力した説明文はこの相のデータをリスト出力するときなどに合わせて出力される．

PHASE IONIC_LIQ:Y % 2 1 1
> This is an ionic liquid modelled by the ionic two sublattice model ! （2.6）

2.2.4 成分の定義

相を構成する成分の定義は，CONSTITUENT ラインで行う．成分の定義に先立って相の定義が必要であるが，ここでは式(2.5)で定義したB2相を用いることにする．この相は二つの副格子から成り，それぞれの副格子上の格子点の数は0.5モルである．

PHASE B2 % 2 0.5 0.5 ! （2.7）

このB2相の成分の定義は，CONSTITUENT ラインでたとえば次のように記述する．

CONSTITUENT B2 : A,B : B : ! （2.8）

左から対象とする相の名称(B2)，コロン，第一副格子の成分(A,B)，コロン，第二副格子の成分(B)，コロン，！である．ここで，コロンは副格子の区切り，カンマ(第一副格子の成分 A,B)は同じ副格子上の成分の区切りを意味している．すなわち一つ目と二つ目のコロンの間に記述されているのが，第一副格子上を占める成分Aと成分Bであり，二つ目と三つ目のコロンの間にある成分Bが第二副格子を占める．

以下に相の定義と合わせた記述例を示す．表2.1の液相では副格子は一つで

あり，次のように記述する．

 PHASE LIQUID % 1 1 !
 CONSTITUENT LIQUID : A,B : !   (2.9)

この場合は，元素 A と B がこの液相を構成する成分である．元素と同様にイオンや会合体，分子も成分として定義できる．たとえば，Ti-O 二元系のイオン液相であれば，アニオンとカチオンのサイトを分けて，

 PHASE LIQUID:Y % 2 1 1 !
 CONSTITUENT LIQUID:Y : TI+2 : O−2 : !   (2.10)

また Cu-Zr 二元系液相のように会合体(CUZR2)が含まれる場合は，

 PHASE LIQUID % 1 1 !
 CONSTITUENT LIQUID : CU,CUZR2,ZR : !   (2.11)

Ti-O 二元系のイオン結晶(TiO_2(ルチル))であれば，

 PHASE RUTILE:I % 2 1 2 !
 CONSTITUENT RUTILE:I : TI+3,TI+4 : O−2,VA : !   (2.12)

ここで，VA は空孔(Vacancy)である．四副格子モデルの BCC 相(BCC_4SL)であれば，

 PHASE BCC_4SL % 4 0.25 0.25 0.25 0.25 !
 CONSTITUENT BCC_4SL : A,B : A,B : A,B : A,B : !   (2.13)

 多元化により，その相を構成する成分が多くなった場合には，主要構成成分を定義するとよい．たとえば，式(2.8)の B2 相の第一副格子が多くの成分で占められる場合，主要な成分の後に % を付けて

 CONSTITUENT B2 : A%,B,C,D,E,F%,G : B : !   (2.14)

これにより，成分 A と成分 F が第一副格子上の主要成分であると定義できる．これによって平衡状態を求めるときの初期値の選び方が異なり，計算の収束が

よくなる効果がある．二元系や三元系などではあまり意味はないが，実用材料など多元系における相平衡計算を行う場合には有効だろう．ただし，現在のソフトウェアでは，大域極小化(global minimization)が取り入れられ，最安定平衡を求める計算の精度が向上しているため，多元系においても計算結果に大きな影響はない．

2.2.5 パラメーターの定義

各相のギブスエネルギー式におけるパラメーターを入力するためには，PARAMETERラインを用いる．ここでは例としてA-B二元系の液相(R-K級数の $n=0$ 項のみの正則溶体)のギブスエネルギーを例として説明する．このときのギブスエネルギー式は，

$$G_\mathrm{m}^\mathrm{Liquid} = x_\mathrm{A}\, {}^0G_\mathrm{m}^\mathrm{Liquid\text{-}A} + x_\mathrm{B}\, {}^0G_\mathrm{m}^\mathrm{Liquid\text{-}B} + RT\sum_{i=\mathrm{A}}^{\mathrm{B}} x_i \ln x_i + x_\mathrm{A} x_\mathrm{B}\, L_{\mathrm{A,B}}^{(0)} \quad (2.15)$$

Rは気体定数で，FUNCTIONラインで定義する．温度T，組成x_iは実際の計算時に与えるため，この式を計算するには，元素A，Bのギブスエネルギー ${}^0G_\mathrm{m}^\mathrm{Liquid\text{-}A}$, ${}^0G_\mathrm{m}^\mathrm{Liquid\text{-}B}$ とR-K級数項(この場合は$n=0$項だけ)$L_{\mathrm{A,B}}^{(0)}$を記述すればよい．

液相状態の元素AとBのギブスエネルギーは，PARAMETERラインで次式のように記述する．

    PARAMETER G(LIQUID,A;0) 298.15 +GLIQA; 6000 N!
    PARAMETER G(LIQUID,B;0) 298.15 +GLIQB; 6000 N!   (2.16)

G(LIQUID,A;0)の記述において，Gはギブスエネルギー，液相(LIQUID)，元素(A)，R-K級数項(0)を意味している．同様に2行目は成分Bのギブスエネルギーである．ここでは，それぞれの元素のギブスエネルギーとして，それぞれ関数GLIQAとGLIQBを与えている．これら関数はFUNCTIONラインで別途定義しておくこと(2.2.6節参照)．かっこ内の最後の0であるが，R-K級数の第n項を表すためのものである．純物質(元素や化学量論化合物)のギブスエネルギーの記述ではR-K級数を用いないので，この場合には最後の0は

省略できる．しかし，形式上付け加えておくこと(Thermo-Calc でパラメーターを出力すると 0 が付いた形式で出力される)．次の 298.15 は，温度(K)でこのギブスエネルギー関数が有効な温度の下限である．一部融点の低い元素(Ga など)を除いて，標準状態の温度が下限になっている．次の GLIQA や GLIQB は，FUNCTION ラインで別途定義するギブスエネルギー関数である．関数の終わりにはセミコロンを付ける．6000 はこのギブスエネルギー関数が有効な温度の上限(K)である．温度上限は多くの場合，6000 K となっているが，その温度では固相は当然準安定となり，実験データが得られている例はない．すなわち 6000 K までギブスエネルギー関数の精度を保証しているのではなく，便宜上の上限である．実際の計算においては，ここで指定している温度範囲(298.15-6000 K)には意味がなく，その範囲を超えても定義した関数が外挿されて計算が行われる(たとえば 1 K や 100000 K など)．本来は熱力学解析を行ったときに，その解析が有効な温度範囲を示すべきであるが，そのように用いられた例はあまり多くはない．したがって，この温度範囲はあくまでも目安程度と考えた方がよい．ただし，関数はいくつかの温度範囲に分けて定義することもでき，この場合は意味のある温度範囲である．たとえば，HCP 構造の純 Ti の場合(SGTE Unary Database Ver. 4.4)，以下のように四つの温度範囲に分けて記述されている(298.15-900 K，900-1155 K，1155-1941 K，1941-4000 K)．

$$\begin{aligned}
&\text{PARAMETER G(HCP\_A3,TI;0)} \ 298.15 \ -8059.921+133.615208*T-23.9933*T*\text{LN}(T)\\
&\quad -0.004777975*T^{**}2+1.06716E-7*T^{**}3+72636*T^{**}(-1); \ 900 \ Y\\
&-7811.815+132.988068*T-23.9887*T*\text{LN}(T)-0.0042033*T^{**}2-9.0876E-8*T^{**}3\\
&\quad +42680*T^{**}(-1); \ 1155 \ Y\\
&+908.837+66.976538*T-14.9466*T*\text{LN}(T)-0.0081465*T^{**}2+2.02715E-7*T^{**}3\\
&\quad -1477660*T^{**}(-1); \ 1941 \ Y\\
&-124526.786+638.806871*T-87.2182461*T*\text{LN}(T)+0.08204849*T^{**}2\\
&\quad -3.04747E-7*T^{**}3+36699805*T^{**}(-1); \ 4000 \ N!
\end{aligned}$$

(2.17)

2 行目の最後の "900 Y" はここで定義した関数の温度上限で，次の Y は 900 K 以上の温度域に別の関数を定義するかどうかである．Y は Yes の意味で，

この場合，900-1155 K，1155-1941 K，1941-4000 K の三つの関数が続いて定義されている．8 行目の最後 N は No の意味で，これ以上高温側に別の関数の定義がないことを意味している．温度範囲を区切って異なる関数を定義する場合，温度区切りにおいて，関数の連続性が保たれていることが必要であるが，SGTE Unary データベースでは，二階微分まで連続になるように決められている．しかし，数値の丸めなどの影響で，実際にはわずかにギブスエネルギーが異なる場合もあり，PANDAT2012 以降や CaTCalc ではエラーや警告が出る（実際はそのまま計算できることもある）．また，三次以上の連続性は考慮されていないので，温度区切りにおいて三次転移を生じていることになるが，エネルギー変化は十分小さいと考えられる．また，式(2.17)では 2 行目以降は行頭のスペースから始まっているが，これは Thermo-Calc では 2 行目からは 1 文字目が無視されるためである．たとえば，

$$\text{PARAMETER G(HCP\_A3,TI;0) } 298.15 \ -8059.921+133.615208*T-23.9933*T*LN(T)$$
$$-0.004777975*T**2+1.06716E-7*T**3+72636*T**(-1); 900 \text{ N!} \qquad (2.18)$$

のように 2 行目の初めに空白を入れないと，2 行目の 1 文字目（−）が無視されるので，マイナス符号が無視されて

$$\text{PARAMETER G(HCP\_A3,TI;0) } 298.15 \ -8059.921+133.615208*T-23.9933*T*LN(T)$$
$$+0.004777975*T**2+1.06716E-7*T**3+72636*T**(-1); 900 \text{ N!} \qquad (2.19)$$

と解釈される．式(2.17)では空白を入れているので，比べてほしい．

次に相互作用パラメーターの R-K 級数項の入力について説明する．この場合も，式(2.16)と同じであり，式(2.15)のギブスエネルギーに対しては次のように記述する．

$$\text{PARAMETER G(LIQUID,A,B;0) } 298.15 \ -10000+10*T; \ 6000 \text{ N!} \qquad (2.20)$$

式(2.20)は液相中の成分 A と成分 B 間の相互作用を意味しており，パラメーターの値は $-10000+10*T$ J/mol である．同様に副格子分けされている場合であっても，

    PARAMETER G(B2,A,B:B;0) 298.15 $-10000+10*T$; 6000 N!
    PARAMETER G(B2,A,B:B;1) 298.15 $+1500$;   6000 N!   (2.21)

カンマが同一副格子上の成分区切り，コロンが副格子区切りであるのは，相の定義におけるCONSTITUENTラインでの表記の仕方と同じである．この場合は，B2相の第二副格子が全て成分Bで占められたときの第一副格子上の成分AとBの相互作用を意味している．2行目はR-K級数の$n=1$項の例である．また，ワイルドカード"*"を用いることができるが，これらの点は後節の副格子モデルの入力で詳細を説明する．元素のギブスエネルギーは，式(2.17)に示したように複数の温度範囲に区切って関数が定義されているが，これら相互作用パラメーターについては通常一つの関数だけが用いられる．相互作用パラメーターに対しても温度区切りの導入は可能であるが，これまでにあまり用いられた例はない（二次導関数までの関数の連続性を考慮する必要がありそれほど簡単ではない）．また，Gの代わりにLを用いてL(LIQUID,A,B;0)と書くこともできるが意味は同じである．三成分混合のギブスエネルギーのパラメーターは，式(2.39)で表されるが，それぞれ以下のように記述する．FCC_A1相中の成分A,B,Cが混合したときの三元過剰ギブスエネルギーである．

    PARAMETER G(FCC_A1,A,B,C;0) 298.15 -10000; 6000 N!
    PARAMETER G(FCC_A1,A,B,C;1) 298.15 -20000; 6000 N!
    PARAMETER G(FCC_A1,A,B,C;2) 298.15 $+1500$; 6000 N!   (2.22)

R-K級数項と同じように$n=0\sim2$を用いるが，これは級数の意味ではなく，式(2.39)の$L^{(0)}\sim L^{(2)}$項に相当している．

　Gのほかにも，TC（キュリー温度，ネール温度），BMAGN（ボーア磁子で規格化された磁気モーメント）があるが記述方法は同じである．TCの場合には単位が温度Kであるため，温度範囲を記述しても意味を持たないが，以下のように形式上温度範囲(298.15-6000 K)を与えておく必要がある．

    PARAMETER TC(FCC_A1,A,B;0)   298.15 $+1000$;   6000 N!
    PARAMETER BMAGN(FCC_A1,A,B;0) 298.15 $+0.15$; 6000 N!   (2.23)

2.2.6 関数の定義

関数の定義はFUNCTIONラインで行う．記述は，前節のPARAMETERラインとほぼ同じである．式(2.24)は，関数RRの定義例である．パラメーターの名称は，Thermo-Calcでは最大8文字までの制限があるため，互換性を確保しておくため，この文字数の範囲内で定義しておくとよい(PANDATでは制限がない)．

$$\text{FUNCTION RR } 298.15 \ +8.3145; 6000 \text{ N !} \tag{2.24}$$

引数は，左から，関数名(RR)，関数の有効温度の下限(298.15 K)，関数(+8.3145)，有効温度の上限(6000 K)，別の温度範囲に別の関数を定義するかどうか(Yes or No)，定義式の終了(!)．式(2.17)と同様に，温度範囲を区切っていくつかの関数を定義することもできる．元素のギブスエネルギーである式(2.17)を関数で定義して，式(2.16)のようにパラメーターの定義のところで呼び出すと，TDBファイルの見通しがよくなるだろう．式(2.25)は，パラメーターの定義である式(2.17)を関数の定義へ書き換えた例である．式(2.17)との違いは太字の部分だけである．

$$\begin{aligned}
&\textbf{FUNCTION GHCPTI } 298.15 \ -8059.921+133.615208*T-23.9933*T*\text{LN}(T)\\
&\quad -0.004777975*T**2+1.06716E-7*T**3+72636*T**(-1); 900 \text{ Y}\\
&\quad -7811.815+132.988068*T-23.9887*T*\text{LN}(T)-0.0042033*T**2-9.0876E-8*T**3\\
&\quad +42680*T**(-1); 1155 \text{ Y}\\
&\quad +908.837+66.976538*T-14.9466*T*\text{LN}(T)-0.0081465*T**2+2.02715E-7*T**3\\
&\quad -1477660*T**(-1); 1941 \text{ Y}\\
&\quad -124526.786+638.806871*T-87.2182461*T*\text{LN}(T)+0.08204849*T**2\\
&\quad -3.04747E-7*T**3+36699805*T**(-1); 4000 \text{ N !}
\end{aligned} \tag{2.25}$$

2.2.7　Type-definition

相の付加情報を加えるためは，Type-definitionラインを用いる．ここで言う付加情報とは，磁性相に対する磁気過剰ギブスエネルギー項や規則-不規則

変態を記述する Split-CEF における規則相と不規則相の関連付けなどである．このほかにも過剰ギブスエネルギー項の三元系への拡張形式を選択したり If 文を定義したりすることができる(Thermo-Tech 社製の Thermo-Calc 用データベースで用いられている)．磁気転移と Split-CEF 以外の付加情報の定義はソフトウェアに依存するため，ほかのソフトウェアとの互換性を担保するためにも使用しないほうがいいだろう．Type-definition の詳細は，Thermo-Calc のユーザーズマニュアルに詳しいのでそちらも参照していただきたい．

はじめに，最も使用頻度の高い磁気過剰ギブスエネルギー(3.2 節参照)を例に Type-definition の記述を説明する(磁気過剰ギブスエネルギーは式(3.12)を参照)．

$$\text{TYPE\_DEFINITION 8 GES A\_P\_D BCC\_A2 MAGNETIC} -1.0\ 0.4\ ! \tag{2.26}$$

引数の 8 は，"8" という記号でそれ以下の部分

GES A_P_D BCC_A2 MAGNETIC −1.0 0.4

を呼び出すことを意味している．呼び出しは PHASE の定義式中で行い，式(2.27)と記述する．ここで，記号は 1 文字とし，0-9，A-Z，&，'，(，)，−，/ などを用いることができる．

$$\text{PHASE BCC\_A2 \%8 1 1 !} \tag{2.27}$$

式(2.27)中の記号 "%" は，後述する式(2.29)の呼び出しであり，Thermo-Calc の場合，すべての相でこのように呼び出す必要がある．

そのほか，Split-CEF においては，不規則相と規則相が関連付けられるが，B2 規則相の不規則相部分が BCC_A2 であることを次のように定義する．この場合，記号 "&" で呼び出されている．

$$\text{TYPE\_DEFINITION \& GES A\_P\_D B2 DIS\_PART BCC\_A2,,,!} \tag{2.28}$$

最後の "," は，デフォルト値を用いることを意味しているので省略しないこと．この場合は三つの入力に対してそれぞれデフォルト値を使うことを意味している(カンマが多い場合にはその部分は無視されるため余分についている場

合もある). この "&" を呼び出す位置であるが, 規則相の B2 の PHASE か, 不規則相の BCC_A2 相の PHASE で呼び出す場合の 2 通りがある. どちらでも呼び出しできるものもあるがソフトウェアとバージョンに依存するため, 固溶体相(不規則相)を先に記述して, そのあとに記述する規則相側で "&" を呼び出すように統一しておくとよいだろう. 必要な Type-definition は上記の二つだけで十分であるが, Thermo-Calc では加えて次の定義が必要である.

$$\text{TYPE\_DEFINITION } \% \text{ SEQ } * ! \tag{2.29}$$

Thermo-Calc では, SSOL データベースなど大きな多元系データベースをシーケンシャルファイル(SEQ)として用いて, 計算に必要なデータだけを読み込んだファイルを作成する. たとえば二元系や三元系の相平衡や熱力学量を計算する場合には, 対象となるパラメーターのみを呼び出して計算する. この Type-definition 定義は, 元となる大きな多元系データベースファイルをシーケンシャルファイルとして用いることを定義するもので, このラインがないと Thermo-Calc は動かない. PANDAT では常にデータベース全体を読み込んでいるため, このラインは不要である. しかし Thermo-Calc との互換性を保つためにも, 常にこのラインを追加しておくことが望ましい.

2.2.8　そのほかの定義式

TDB ファイル中には, これまで紹介した定義式に加えて, その他にもいろいろな定義式を用いることができるが, 実際にそれらを使うことはないためここでは取りあげない. もし興味があれば, Thermo-Calc 社のホームページ(表 1.1 参照)から Database Manager's Guide を参照していただきたい.

最後にそれらの定義式の中で, Thermo-Calc でデータベースを出力(GES モジュールの List-data)すると, デフォルトで記述されている以下の二つを説明する.

Define-system-default

Thermo-Calc 上で計算しようとする系を Define-System で定義しようとしたときに, Element で入力するか Species で入力するかを与えるもので, 以下のように記述する.

DEFINE_SYSTEM_DEFAULT **ELEMENT** 2 !　　　　　　　(2.30)

または

DEFINE_SYSTEM_DEFAULT **SPECIES** 2 !　　　　　　　(2.31)

しかし，どちらのラインが定義されていても Element でも Species でも定義できる (define-element, define-species ラインを用いる)．ここで，続く "2" はパラメーター出力のときの基準を選ぶもので，1, 2, 3 から選択できる．それぞれのパラメーター出力例を式 (2.32) に示す．左辺の第 2 項が変わっているのがわかるだろう．このように基準の表記が変わるだけで別途 FUNCTION ラインで定義 GHSERFE 関数が用いられるため，実際の計算には影響はない．通常，デフォルトのまま 2 としておけばよい．ただし，これは下記の三つの式が同じであることを意味しているわけではないので注意すること (1 行目はゼロになるはずであるし，3 行目はエンタルピーの基準が変わっている)．

$$\begin{aligned} G(BCC\_A2, FE;0) - G(BCC\_A2, FE;0) &= +GHSERFE \\ G(BCC\_A2, FE;0) - H298(BCC\_A2, FE;0) &= +GHSERFE \\ G(BCC\_A2, FE;0) - H0(BCC\_A2, FE;0) &= +GHSERFE \end{aligned} \quad (2.32)$$

Default-command

たとえば Ni 基合金データベースでは，Ni は常に熱力学計算に含まれている．この場合，計算において Ni を毎回定義するのではなく，デフォルトとして含めることが可能である．それには DEFINE_SYSTEM_ELEMENT を Default-command ラインで定義しておけばよい．Thermo-Calc では，通常 Va と／－ (電子ガス) の二つがデフォルトで定義されている．

DEFAULT_COMMAND DEF_SYS_ELEMENT VA /－!　　　(2.33)

上記の Default-command ラインで両成分を定義するには合わせて ELEMENT ラインで次のように定義しておかなければならない．

ELEMENT /－ ELECTRON_GAS 0.00E+00 0.00E+00 0.00E+00 !
ELEMENT VA VACUUM　　　　0.00E+00 0.00E+00 0.00E+00 !　(2.34)

このほか，平衡計算に含まれる相や除外する相が明らかな場合には，同様にDefault-command を用いて，REJECT_PHASE または RESTORE_PHASE などの定義が可能である．それぞれの記述を式(2.35)に示す．それぞれ，B2 相を除外する，BCC_A2 を取り入れる場合の記述である．

DEFAULT_COMMAND REJECT_PHASE B2 !
DEFAULT_COMMAND RESTORE_PHASE BCC_A2 !   (2.35)

2.3 熱力学モデルの記述

これまで，TDB ファイル作成のアウトラインを説明してきたが，本節では実際の熱力学モデルのパラメーターをどのように記述するか主要な熱力学モデルを取りあげて説明する．また，実際の合金系における各モデルの記述例はNIMS 熱力学データベースも参照していただきたい．

2.3.1 理想気体の記述

ガス分子を SPECIES ラインで定義する．相の定義ではガス相を表すオプション G を付ける．固相・液相と異なる点は，圧力項である(4 行目の関数の第 2 項)．複数のガス相の定義をしてもよいが，複数のガス相が同時に計算に含まれているとうまく平衡計算ができないことがあるため，計算に含めるガス相は一つにすること．ガス相のギブスエネルギーについては 3.3 節も参考にしてほしい．

SPECIES O2   O2 !
PHASE GAS:G % 1 1.0   !
 CONSTITUENT GAS:G :O2: !
 PAR G(GAS,O2;0) 298.15 +GO2GAS+R*T*LN(1E−05*P); 6000 N !
(2.36)

ここで GO2GAS は，O2 分子の標準気圧におけるギブスエネルギー関数であり別途 FUNCTION ラインで定義する必要がある．ガス定数 R は，ソフト

ウェアによってはデフォルトで定義されているものもある．定義されていない場合には，同様に FUNCTION ラインで定義すること．

2.3.2 置換型溶体モデル

置換型溶体モデルによる，正則・準正則溶体のギブスエネルギーは次式で与えられる(3.4 節参照)．

$$G_{\mathrm{m}}^{\alpha} = \sum_{i=\mathrm{A}}^{N} x_i\, {}^0G_{\mathrm{m}}^{\alpha\text{-}i} + RT \sum_{i=\mathrm{A}}^{N} x_i \ln(x_i) \\ + \sum_{i=\mathrm{A}}^{N} \sum_{j>i} x_i x_j \left[\sum_{n=0}^{v} L_{i,j}^{(n)} (x_i - x_j)^n \right] + G_{\mathrm{m}}^{\text{Excess-ter}} \tag{2.37}$$

ここで右辺の第 3 項の過剰ギブスエネルギーは，R-K 級数で与えられている．過剰ギブスエネルギー項中の相互作用パラメーター $L_{i,j}^{(n)}(T)$ の温度依存性は次式で表される．

$$L_{i,j}^{(n)}(T) = a + bT + cT \ln T + fT^{-1} + \cdots \tag{2.38}$$

ここで $a, b, c \cdots$ は定数であり，十分に実験データ(比熱など)がある場合には，右辺の第 3 項以降を考慮することも可能であるが，通常 K-N 則が仮定されており，右辺の第 3 項以降が用いられることはまれである．図 **2.1** にギブ

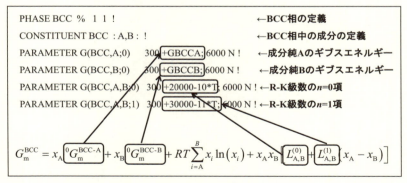

図 2.1 置換型固溶体モデルのギブスエネルギーと TDB ファイルにおけるパラメーターの記述の関係．関数 GBCCA と GBCCB は，FUNCTION ラインで別途定義する．

スエネルギー式とパラメーターの記述の関係を示す．図中の過剰ギブスエネルギーは R-K 級数の $n=1$ 項まで展開している．

三元系の過剰ギブスエネルギーは式(2.39)で与えられる．かっこ内の成分の順番はアルファベット順であり，相互作用パラメーター左肩の添え字 0，1，2 もそれに対応しているので入力時には注意すること．

$$G_\mathrm{m}^\mathrm{Excess\text{-}ter} = x_\mathrm{A} x_\mathrm{B} x_\mathrm{C} \left[x_\mathrm{A}{}^{(0)}L_\mathrm{A,B,C} + x_\mathrm{B}{}^{(1)}L_\mathrm{A,B,C} + x_\mathrm{C}{}^{(2)}L_\mathrm{A,B,C} \right] \quad (2.39)$$

三元相互作用を含む記述として，ここでは Cr-Fe-Ni 三元系の BCC 相のパラメーター例を示す（**表 2.2**）[3]．下から 3 行が式(2.39)の右辺かっこ内の L に相当する．なお，この系では BCC 相は磁気転移を持つが磁気過剰ギブスエネルギーは省略している．% は，前述の TYPE-DEFINITION で定義したシーケンシャルファイル定義の呼び出しである．

この場合には，侵入型元素(C, N など)への拡張を考えて第二副格子が定義されている．しかしここでは置換型元素(Cr-Fe-Ni)だけなので，侵入型元素のための第二副格子の定義は省略可能である．記述の注意点として，同一副格子中の成分はアルファベット順で記述すること．ここでは 1 行目で定義している副格子上のサイト数が 1：3 であるので BCC 母格子中の侵入型の八面体位置を想定していることになる．

表 2.2 Cr-Fe-Ni 三元系における BCC 相のパラメーター記述例[3].

```
PHASE BCC_A2 % 2 1 3 !
  CONSTITUENT BCC_A2 : CR, FE, NI : VA : !
  PARAMETER G(BCC_A2, CR : VA ; 0)        300  +GBCCCR ;             6000 N !
  PARAMETER G(BCC_A2, FE : VA ; 0)        300  +GBCCFE ;             6000 N !
  PARAMETER G(BCC_A2, NI : VA ; 0)        300  +GBCCNI ;             3000 N !
  PARAMETER G(BCC_A2, CR, FE : VA ; 0)    300  +20500-9.68*T ;       6000 N !
  PARAMETER G(BCC_A2, CR, NI : VA ; 0)    300  +17170-11.8199*T ;    6000 N !
  PARAMETER G(BCC_A2, CR, NI : VA ; 1)    300  +34418-11.8577*T ;    6000 N !
  PARAMETER G(BCC_A2, FE, NI : VA ; 0)    300  -956.63-1.28726*T ;   6000 N !
  PARAMETER G(BCC_A2, FE, NI : VA ; 1)    300  +1789.03-1.92912*T ;  6000 N !
  PARAMETER G(BCC_A2, CR, FE, NI : VA ; 0) 300 +6000+10*T ;          6000 N !
  PARAMETER G(BCC_A2, CR, FE, NI : VA ; 1) 300 -18500+10*T ;         6000 N !
  PARAMETER G(BCC_A2, CR, FE, NI : VA ; 2) 300 -27000+10*T ;         6000 N !
```

2.3.3 副格子モデル

化学量論化合物 A_pB_q のギブスエネルギーは次式で与えられる (3.5.1 節参照). ここで入力するのは, A_pB_q 化合物の生成ギブスエネルギー $\Delta G_m^{A_pB_q}$ と元素 A と B のギブスエネルギー $^0G_m^{\alpha-A}, ^0G_m^{\beta-B}$ である.

$$G_m^{A_pB_q} = p\,^0G_m^{\alpha-A} + q\,^0G_m^{\beta-B} + \Delta G_m^{A_pB_q} \tag{2.40}$$

以下は, Co-Nd 二元系[4]における α-Co_3Nd_2 化合物のギブスエネルギーである. この場合, 原子 1 モルではなく, 化合物 1 モルに対してギブスエネルギーを与えている.

 PHASE CO3ND2_A % 2 3 2 !
  CONSTITUENT CO3ND2_A :CO :ND : !
  PAR G(CO3ND2_A,CO:ND;0)　298.15
   −147698+35.561*T+3*GHSERCO**+2***GHSERND; 6000　N !

$$\tag{2.41}$$

また, 原子 1 モルで与える場合には,

 PHASE CO3ND2_A % 2 **0.6 0.4** !
  CONSTITUENT CO3ND2_A :CO : ND: !
  PAR G(CO3ND2_A,CO:ND;0)　298.15
   −29539.6+7.1122*T+0.6*GHSERCO**+0.4***GHSERND; 6000　N !

$$\tag{2.42}$$

式 (2.42) で $-29539.6+7.1122*T$ が化合物の生成ギブスエネルギーに相当する. K-N 則が仮定されているため, 式 (3.28) の第三項以降は, ゼロとなっている.

次に, 不定比化合物の場合を取りあげよう (3.5.2 節参照). A-B 二元系における $(A,B)_{0.5}(A,B)_{0.5}$ 化合物のギブスエネルギーは次式で与えられる.

$$G_{\mathrm{m}}^{\mathrm{B2}} = \sum_{i=\mathrm{A}}^{\mathrm{B}} \sum_{j=\mathrm{A}}^{\mathrm{B}} y_i^{(1)} y_j^{(2)}\, {}^0G_{i:j}^{\mathrm{B2}} + \frac{RT}{2} \sum_{n=1}^{2} \sum_{i=\mathrm{A}}^{\mathrm{B}} y_i^{(n)} \ln y_i^{(n)}$$

$$+ \sum_{i=\mathrm{A}}^{\mathrm{B}} \left[\begin{array}{l} y_\mathrm{A}^{(1)} y_\mathrm{B}^{(1)} y_i^{(2)} \displaystyle\sum_{n=0} L_{\mathrm{A,B}:i}^{(n)} (y_\mathrm{A}^{(1)} - y_\mathrm{B}^{(1)})^n \\ + y_\mathrm{A}^{(2)} y_\mathrm{B}^{(2)} y_i^{(2)} \displaystyle\sum_{n=0} L_{i:\mathrm{A,B}}^{(n)} (y_\mathrm{A}^{(2)} - y_\mathrm{B}^{(2)})^n \end{array} \right] + y_\mathrm{A}^{(1)} y_\mathrm{B}^{(1)} y_\mathrm{A}^{(2)} y_\mathrm{B}^{(2)} L_{\mathrm{A,B:A,B}}^{(0)}$$

(2.43)

入力するのは，右辺の第1項 ${}^0G_{i:j}^{\mathrm{B2}}$ とパラメーター $L_{\mathrm{A,B}:i}^{(n)}, L_{i:\mathrm{A,B}}^{(n)}, L_{\mathrm{A,B:A,B}}^{(0)}$ である．**図2.2**にTDB中の記述と式(2.43)のパラメーターの関係を示す．図中の式では右辺第1項と第3項($n=1$項まで)が展開してある．

実際のパラメーターの記述例としてAl-Fe二元系のB2相[5]を**表2.3**に示す．ここでは磁気過剰ギブスエネルギーを省略している．

次に侵入型固溶体の場合を取りあげる(3.5.3節参照)．A-B二元系における侵入型固溶体 $(\mathrm{A})_p(\mathrm{B,Va})_q$ のギブスエネルギーは次式で与えられる．第二副格子は成分BとVa(空孔)からなり，侵入型副格子である．

$$G_{\mathrm{m}}^{p:q} = y_\mathrm{A}^{(1)} y_\mathrm{B}^{(2)} x_\mathrm{A} G_{\mathrm{A:B}}^{p:q} + y_\mathrm{A}^{(1)} y_{\mathrm{Va}}^{(2)} x_\mathrm{A} G_{\mathrm{A:Va}}^{p:q} + q x_\mathrm{A} RT \sum_{j=\mathrm{B,Va}} y_j^{(2)} \ln(y_j^{(2)})$$

$$+ x_\mathrm{A} y_\mathrm{B}^{(2)} y_{\mathrm{Va}}^{(2)} \sum_{n=0}^{v} L_{\mathrm{A:B,Va}}^{(n)\, p:q} (y_\mathrm{B}^{(2)} - y_{\mathrm{Va}}^{(2)})^n \qquad (2.44)$$

ここで入力するのは，右辺の第1項と第2項の $G_{\mathrm{A:B}}^{p:q}, G_{\mathrm{A:Va}}^{p:q}$ とパラメーター $L_{\mathrm{A:B,Va}}^{(n)\, p:q}$ である．置換型固溶体モデルは二つのエンドメンバーが共に純元素であったが，侵入型固溶体ではエンドメンバーの片方が化合物になる．以下はC-Fe二元系のBCC固溶体のギブスエネルギーの記述例である[6]．ここで磁気項は省略している．式(2.44)の p と q はそれぞれ1と3(八面体サイト)である．TDBファイル中の記述では，侵入型固溶体(侵入型格子サイト)であること明示する必要はなく $(\mathrm{A})_p(\mathrm{B,Va})_q$ をそのままPHASEラインとCONSTITUENTラインで定義すればよい．すなわち，

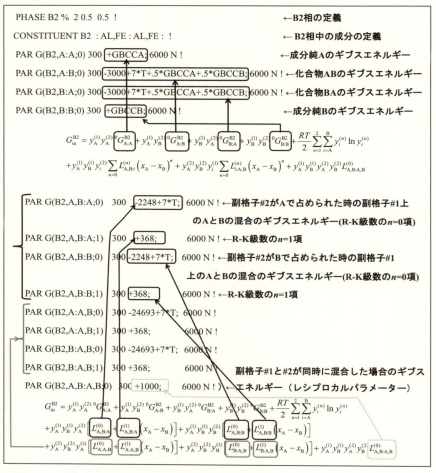

図2.2 副格子モデルにおけるギブスエネルギーとTDBファイルにおけるパラメーターの記述の関係. 関数 GBCCA と GBCCB は, FUNCTION ラインで別途定義する.

表 2.3 Al-Fe 二元系における B2 相のパラメーター記述例[5].

```
PHASE B2 %  2 0.5 0.5!
CONSTITUENT B2 : AL, FE : AL, FE : !
  PAR G (B2, AL : AL ; 0)      298.15  +GBCCAL ;                                     6000 N !
  PAR G (B2, FE : AL ; 0)      298.15  -37890.478+7.9972*T+.5*GALBCC+.5*GHSERFE ;    6000 N !
  PAR G (B2, AL : FE ; 0)      298.15  -37890.478+7.9972*T+.5*GALBCC+.5*GHSERFE ;    6000 N !
  PAR G (B2, FE : FE ; 0)      298.15  +GHSERFE ;                                    6000 N !
  PAR G (B2, AL, FE : AL ; 0)  298.15  -22485.072+7.9772*T ;                         6000 N !
  PAR G (B2, AL : AL, FE ; 0)  298.15  -22485.072+7.9772*T ;                         6000 N !
  PAR G (B2, AL, FE : AL ; 1)  298.15  +368.15 ;                                     6000 N !
  PAR G (B2, AL : AL, FE ; 1)  298.15  +368.15 ;                                     6000 N !
  PAR G (B2, AL, FE : FE ; 0)  298.15  -24693.972+7.9772*T ;                         6000 N !
  PAR G (B2, FE : AL, FE ; 0)  298.15  -24693.972+7.9772*T ;                         6000 N !
  PAR G (B2, AL, FE : FE ; 1)  298.15  +368.15 ;                                     6000 N !
  PAR G (B2, FE : AL, FE ; 1)  298.15  +368.15 ;                                     6000 N !


PHASE BCC_A2 %  2 1 3 !
  CONSTITUENT BCC_A2 : FE : C, VA : !
PAR G(BCC_A2,FE:C;0)  298.15  +322050+75.667*T+GHSERFE+3*GHSERCC;  6000 N !
PAR G(BCC_A2,FE:VA;0) 298.15  +GHSERFE;                            6000 N !
PAR G(BCC_A2,FE:C,VA;0) 298.15  -190*T;                            6000 N !
```
$$\tag{2.45}$$

図 2.2 で登場したレシプロカルパラメーター $L_{A,B:A,B}^{(0)}$ は，多くの場合 $n=0$ 項だけが用いられている．しかし，まれにレシプロカルパラメーターの $n=1$ や $n=2$ 項が用いられることがある．これまでの R-K 級数の表記と同様，以下のように記述する．

```
PAR G(B2,A,B:A,B;0)  300  +1000-T;     6000 N !
PAR G(B2,A,B:A,B;1)  300  -2500;       6000 N !
PAR G(B2,A,B:A,B;2)  300  +3250;       6000 N !
```
$$\tag{2.46}$$

ただし，$n=1,2$ 項の計算結果は，PANDAT と Thermo-Calc では異なっている．それぞれ，Thermo-Calc では，

$$\mathrm{ex}G_\mathrm{m}^\mathrm{B2\text{-}reciprocal\,(Thermo\text{-}Calc)} =$$

$$y_\mathrm{A}^{(1)} y_\mathrm{B}^{(1)} y_\mathrm{A}^{(2)} y_\mathrm{B}^{(2)} \left\{ L_\mathrm{A,B:A,B}^{(0)\,\mathrm{TC}} + \sum_{n=1}^{v} \left[\begin{array}{l} L_\mathrm{A,B:A,B}^{(2n-1)\,\mathrm{TC}} (y_\mathrm{A}^{(2)} - y_\mathrm{B}^{(2)})^{2n-1} \\ + L_\mathrm{A,B:A,B}^{(2n)\,\mathrm{TC}} (y_\mathrm{A}^{(1)} - y_\mathrm{B}^{(1)})^{2n} \end{array} \right] \right\} \tag{2.47}$$

PANDAT では,

$$\mathrm{ex}G_\mathrm{m}^\mathrm{B2\text{-}reciprocal\,(Pandat)} =$$

$$y_\mathrm{A}^{(1)} y_\mathrm{B}^{(1)} y_\mathrm{A}^{(2)} y_\mathrm{B}^{(2)} \left\{ L_\mathrm{A,B:A,B}^{(0)\,\mathrm{Pan}} + \frac{1}{2} \sum_{n=1}^{v} L_\mathrm{A,B:A,B}^{(n)\,\mathrm{Pan}} \left[\begin{array}{l} (y_\mathrm{A}^{(1)} - y_\mathrm{B}^{(1)})^n \\ + (y_\mathrm{A}^{(2)} - y_\mathrm{B}^{(2)})^n \end{array} \right] \right\} \tag{2.48}$$

ここで n は正整数のみである．同じパラメーターであっても，アセスメントをしたソフトウェアによってその意味が異なってしまう．この点に関しては文献[7]も合わせて参照していただきたい．

2.3.4 会合溶体モデル

会合溶体モデルによるギブスエネルギーは次式で与えられる (3.6.1 節参照).

$$G_\mathrm{m}^\mathrm{Asso\text{-}Liq} = \sum_i n'_i \,{}^0G_\mathrm{m}^{\mathrm{Liq}\text{-}i} + RT \sum_i n'_i \ln \frac{n'_i}{n'} + \frac{1}{n'} \sum_i \sum_{j>i} n'_i n'_j L_{i,j}^{(0)} \tag{2.49}$$

ここで入力する必要があるのは，会合体の定義，元素と会合体のギブスエネルギー ($^0G_\mathrm{m}^{\mathrm{Liq}\text{-}i}$)，右辺第 3 項の過剰ギブスエネルギーである．TDB ファイル上の記述との関係を**図 2.3** に示す．図中の過剰ギブスエネルギーは R-K 級数の $n=0$ 項まで展開してある．

またこの会合溶体モデルの適用例として，Cu-Zr 二元系[8]を**表 2.4** に示す．ここでは Cu2Zr という会合体を仮定している．すなわち，この液相を構成する成分は，Cu, Zr, Cu2Zr の三種類 ($^0G_\mathrm{m}^\mathrm{Liq\text{-}Cu}, {}^0G_\mathrm{m}^\mathrm{Liq\text{-}Zr}, {}^0G_\mathrm{m}^\mathrm{Liq\text{-}Cu2Zr}$) であり，これらの成分間の相互作用は三種類 ($L_\mathrm{Cu,Zr}^{(n)}, L_\mathrm{Cu,Cu2Zr}^{(n)}, L_\mathrm{Cu2Zr,Zr}^{(n)}$) となる．記述時の注意点としては，5 行目の会合体のギブスエネルギーには，会合体の生成ギブスエネルギーに相当する $-38110+16.7*\mathrm{T}$ だけではなく，Cu と Zr のギブスエネルギーも必要になる点である ($+2*\mathrm{GLIQCU}+\mathrm{GLIQZR}$).

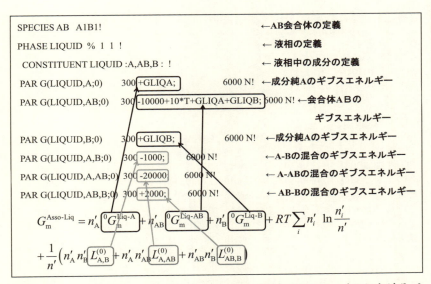

図 2.3 会合溶体モデルにおけるギブスエネルギーと TDB ファイルにおけるパラメーターの記述の関係．関数 GLIQA と GLIQB は，FUNCTION ラインで別途定義する．

表 2.4 Cu-Zr 二元系における会合体液相のパラメーター記述例[8]．

```
SPECIES CU2ZR CU2ZR1 !
PHASE LIQUID % 1 1 !
    CONSTITUENT LIQUID : CU, CU2ZR, ZR : !
    PAR G (LIQUID, CU ; 0)          300 +GLIQCU ;                           3200 N !
    PAR G (LIQUID, CU2ZR ; 0)       300 -38110+16.7*T+2*GLIQCU+GLIQZR ;     6000 N !
    PAR G (LIQUID, ZR ; 0)          300 +GLIQZR ;                           6000 N !
    PAR G (LIQUID, CU, ZR ; 0)      300 -61890+16.2*T ;                     6000 N !
    PAR G (LIQUID, CU, CU2ZR ; 0)   300 -96100+72.4*T ;                     6000 N !
    PAR G (LIQUID, CU2ZR, ZR ; 0)   300 -177800+134.4*T ;                   6000 N !
```

2.3.5 二副格子イオン溶体モデル

液相には副格子は存在しないが，このモデルでは仮想的にアニオンサイトと

表2.5 Ti-O 二元系における二副格子イオン液相のパラメーター記述例[9].

```
SPECIES O2           O2 !
SPECIES O-2          O1/-2 !
SPECIES TI+2         TI1/+2 !
SPECIES TI+3         TI1/+3 !
SPECIES TI+4         TI1/+4 !

PHASE I_LIQUID :Y % 2 1 1 !
  CONSTITUENT I_LIQUID :Y : TI+2, TI+3, TI+4 : O-2, VA : !
  PAR G (I_LIQUID, TI+2 : VA ; 0)      298.15  +GTILIQ ;                         4000 N !
  PAR G (I_LIQUID, TI+3 : VA ; 0)      298.15  +GTILIQ+200000 ;                  4000 N !
  PAR G (I_LIQUID, TI+4 : VA ; 0)      298.15  +GTILIQ+400000 ;                  4000 N !
  PAR G (I_LIQUID, TI+2 : O-2 ; 0)     298.15  +2*GTI1O1+412507-201.61502*T ;    4000 N !
  PAR G (I_LIQUID, TI+3 : O-2 ; 0)     298.15  +GTI2O3+190919-71.4898*T ;        4000 N !
  PAR G (I_LIQUID, TI+4 : O-2 ; 0)     298.15  +2*GTIO2+178003-62.4769*T ;       4000 N !
  PAR G (I_LIQUID, TI+2 : O-2, VA ; 0) 298.15  -249324+112.4213*T ;              4000 N !
```

カチオンサイトの二つの副格子を定義する．このときの副格子と成分の構成は合金系によって異なるが，一般形として $(C_i^{v_i+}\cdots)_P(A_j^{v_j-}\cdots, \text{Va}, B_k^0\cdots)_Q$ と記述できる．第一副格子はカチオンサイトでカチオン $C_i^{v_i+}$ が占有する．第二副格子はアニオンサイトでアニオン $A_j^{v_j-}$ と空孔 Va，中性成分 B_k^0 が占める．この時のギブスエネルギーは次式で与えられる（3.6.2節参照）．

$$G_\mathrm{m} = \sum_i \sum_j y_{C_i} y_{A_j} {}^0G_{C_i:A_j} + Q y_\mathrm{Va} \sum_i y_{C_i} {}^0G_{C_i:\mathrm{Va}} + Q \sum_k y_{B_k^0} {}^0G_{B_k^0}$$

$$+ RT\left[P\sum_i y_{C_i} \ln y_{C_i} + Q\left(\sum_j y_{A_j} \ln y_{A_j} + y_\mathrm{Va} \ln y_\mathrm{Va} + \sum_k y_{B_k^0} \ln y_{B_k^0}\right)\right]$$

$$+ \sum_{i_1}\sum_{i_2}\sum_j y_{C_{i_1}} y_{C_{i_2}} y_{A_j} L_{C_{i_1},C_{i_2}:A_j} + \sum_{i_1}\sum_{i_2} y_{C_{i_1}} y_{C_{i_2}} y_\mathrm{Va}^2 L_{C_{i_1},C_{i_2}:\mathrm{Va}}$$

$$+ \sum_i \sum_{j_1}\sum_{j_2} y_{C_i} y_{A_{j_1}} y_{A_{j_2}} L_{C_i:A_{j_1},A_{j_2}} + \sum_i \sum_j y_{C_i} y_{A_j} y_\mathrm{Va} L_{C_i:A_j,\mathrm{Va}}$$

$$+ \sum_i \sum_j \sum_k y_{C_i} y_{A_j} y_{B_k^0} L_{C_i:A_j,B_k^0} + \sum_i \sum_k y_{C_i} y_\mathrm{Va} y_{B_k^0} L_{C_i:\mathrm{Va},B_k^0}$$

$$+ \sum_{k_1}\sum_{k_2} y_{B_{k_1}^0} y_{B_{k_2}^0} L_{B_{k_1}^0,B_{k_2}^0} \tag{2.50}$$

P と Q はそれぞれの副格子のモル数であり，アニオンとカチオンの濃度に依存して電気的中性条件を満足するように決められる．この計算はソフトウェア内部で行われるため，表2.5の記述例のように，TDBファイルにおける定義ではそれぞれ1モルとしておけばよい（PHASEライン）．これまでの図2.1-2.3で示したのと同様に，式(2.50)中の G と L の入力が必要である．**表2.5** にTi-O二元系液相の記述例を示す[9]．式(2.50)には多くのパラメーターがあるが，その一部だけが用いられていることがわかるだろう．

2.3.6 Split-CEF（四副格子 FCC/HCP 相）

Split-CEFのモデルの詳細については，3.5.2節，3.5.4.2節を参考にしてほしい．Split-CEFを用いるためには不規則相と規則相のギブスエネルギー式の関係をTDBファイルに記述しなければならない．すなわち式(2.51)の関係である．

$$G_\mathrm{m}^\text{Split-CEF} = G_\mathrm{m}^\text{Disorder}(\{x_i\}) + G_\mathrm{m}^\text{Order}(\{y_i^{(k)}\}) - G_\mathrm{m}^\text{Order}(\{y_i^{(k)} = x_i\}) \quad (2.51)$$

この関係は Type-definition ラインを用いて，

$$\text{TYPE\_DEFINITION \& GES A\_P\_D ORDER DIS\_PART DISORDER ,,,!} \quad (2.52)$$

と定義する．ここでは規則相の名称をORDER，不規則相の名称をDISORDERとしている．不規則相のギブスエネルギーは，式(2.37)の正則溶体モデルで与えられるが，規則相は次式で与える．

$$\begin{aligned}
G_\mathrm{m}^\text{Order} =& \sum_{i=A}^{B}\sum_{j=A}^{B}\sum_{k=A}^{B}\sum_{l=A}^{B} y_i^{(1)} y_j^{(2)} y_k^{(3)} y_l^{(4)} \,{}^0G_{i:j:k:l} + RT\sum_{v=1}^{4}\sum_{i=A}^{B} N^{(v)} y_i^{(v)} \ln y_i^{(v)} \\
&+ \sum_{i=A}^{B}\sum_{j>i} y_i^{(1)} y_j^{(1)} \left(\sum_{k,l,m} y_k^{(2)} y_l^{(3)} y_m^{(4)} L_{i,j:k:l:m}^{(0)} \right) + \cdots \\
&+ \sum_{i=A}^{B}\sum_{j>i}\sum_{k=A}^{B}\sum_{l>k} y_i^{(1)} y_j^{(1)} y_k^{(2)} y_l^{(2)} \left(\sum_{p,q} y_p^{(3)} y_q^{(4)} L_{i,j:k,l:p:q}^{(0)} \right) + \cdots \quad (2.53)
\end{aligned}$$

結晶の対称性からパラメーターの間には次の関係がある．

$$
\begin{aligned}
&{}^0G_{A:A:A:B} = {}^0G_{A:A:B:A} = {}^0G_{A:B:A:A} = {}^0G_{B:A:A:A} \\
&{}^0G_{A:B:B:B} = {}^0G_{B:A:B:B} = {}^0G_{B:B:A:B} = {}^0G_{B:B:B:A} \\
&{}^0G_{A:A:B:B} = {}^0G_{A:B:A:B} = {}^0G_{A:B:B:A} = {}^0G_{B:A:A:B} = {}^0G_{B:A:B:A} = {}^0G_{B:B:A:A} \\
&L^{(0)}_{A,B:*:*:*} = L^{(0)}_{*:A,B:*:*} = L^{(0)}_{*:*:A,B:*} = L^{(0)}_{*:*:*:A,B} \\
&L^{(0)}_{A,B:A,B:*:*} = L^{(0)}_{A,B:*:A,B:*} = L^{(0)}_{A,B:*:*:A,B} = L^{(0)}_{*:A,B:A,B:*} = L^{(0)}_{*:A,B:*:A,B} = L^{(0)}_{*:*:A,B:A,B}
\end{aligned}
\tag{2.54}
$$

式(2.54)の関係を用いて入力を簡略化にしたのが F オプションである．詳細は付録 A1.3 を参照．**表 2.6** に Al-Ir 二元系[10]の FCC 相（$L1_0, L1_2, A1$）の F オプションを用いない入力例を示す．

Al-Ir では，レシプロカルパラメーターの組成依存性を取り入れており，式(2.55)の左辺のワイルドカード部分 "*" を展開したことに相当する．

$$
L^{(0)}_{A,B:A,B:*:*} \Rightarrow L^{(0)}_{A,B:A,B:A:A}, L^{(0)}_{A,B:A,B:A:B}, L^{(0)}_{A,B:A,B:B:A}, L^{(0)}_{A,B:A,B:B:B}
\tag{2.55}
$$

副格子が複雑になってくると，パラメーターの見通しを良くするためにワイルドカードを使うことがあるだろう．この場合，パラメーターの重複に注意が必要である．パラメーターが重複して定義されると，プログラム中では両者の和として処理される．たとえば，以下の二つのパラメーターが定義されていると，1 行目はワイルドカードを使っているため，2 行目のパラメーターを含んでいることになる．両者の記述が異なっているため，パラメーターの重複のチェック過程で重複が検出されない．特に二元系の TDB ファイルを組み合わせて多元化したときに注意が必要である．

```
PAR G(ORDER,B:*:*:*;0)   300  +3000; 6000 N !
PAR G(ORDER,B:A:A:A;0)   300  +3000; 6000 N !
```
(2.56)

この場合，BAAA のエンドメンバーのギブスエネルギーとして式(2.57)が定義されているものと同じになる．

```
PAR G(ORDER,B:A:A:A;0)   300  +6000; 6000 N !
```
(2.57)

2.3 熱力学モデルの記述

表 2.6 Al-Ir 二元系における四副格子 Split-CEF のパラメーター記述例[10].

```
TYPE_DEFINITION ' GES A_P_D ORDER DIS_PART DIS_FCC,,, !
  PHASE ORDER %' 4  0.25  0.25  0.25  0.25 !
  CONSTITUENT ORDER : AL, IR : AL, IR : AL, IR : AL, IR : !
  PAR G (ORDER, AL : AL : AL : AL ; 0)          300 +0.0 ;          6000 N !
  PAR G (ORDER, IR : AL : AL : AL ; 0)          300 +3*GAL3IR1 ;    6000 N !
  PAR G (ORDER, AL : IR : AL : AL ; 0)          300 +3*GAL3IR1 ;    6000 N !
  PAR G (ORDER, IR : IR : AL : AL ; 0)          300 +4*GAL2IR2 ;    6000 N !
  PAR G (ORDER, AL : AL : IR : AL ; 0)          300 +3*GAL3IR1 ;    6000 N !
  PAR G (ORDER, IR : AL : IR : AL ; 0)          300 +4*GAL2IR2 ;    6000 N !
  PAR G (ORDER, AL : IR : IR : AL ; 0)          300 +4*GAL2IR2 ;    6000 N !
  PAR G (ORDER, IR : IR : IR : AL ; 0)          300 +3*GAL1IR3 ;    6000 N !
  PAR G (ORDER, AL : AL : AL : IR ; 0)          300 +3*GAL3IR1 ;    6000 N !
  PAR G (ORDER, IR : AL : AL : IR ; 0)          300 +4*GAL2IR2 ;    6000 N !
  PAR G (ORDER, AL : IR : AL : IR ; 0)          300 +4*GAL2IR2 ;    6000 N !
  PAR G (ORDER, IR : IR : AL : IR ; 0)          300 +3*GAL1IR3 ;    6000 N !
  PAR G (ORDER, AL : AL : IR : IR ; 0)          300 +4*GAL2IR2 ;    6000 N !
  PAR G (ORDER, IR : AL : IR : IR ; 0)          300 +3*GAL1IR3 ;    6000 N !
  PAR G (ORDER, AL : IR : IR : IR ; 0)          300 +3*GAL1IR3 ;    6000 N !
  PAR G (ORDER, IR : IR : IR : IR ; 0)          300 +0.0 ;          6000 N !
  PAR G (ORDER, AL, IR : AL, IR : AL : AL ; 0)  300 +GSROAL ;       6000 N !
  PAR G (ORDER, AL, IR : AL : AL, IR : AL ; 0)  300 +GSROAL ;       6000 N !
  PAR G (ORDER, AL, IR : AL : AL : AL, IR ; 0)  300 +GSROAL ;       6000 N !
  PAR G (ORDER, AL : AL, IR : AL, IR : AL ; 0)  300 +GSROAL ;       6000 N !
  PAR G (ORDER, AL : AL, IR : AL : AL, IR ; 0)  300 +GSROAL ;       6000 N !
  PAR G (ORDER, AL : AL : AL, IR : AL, IR ; 0)  300 +GSROAL ;       6000 N !
  PAR G (ORDER, IR : AL, IR : AL, IR : AL ; 0)  300 +GSRO ;         6000 N !
  PAR G (ORDER, IR : AL, IR : AL : AL, IR ; 0)  300 +GSRO ;         6000 N !
  PAR G (ORDER, IR : AL : AL, IR : AL, IR ; 0)  300 +GSRO ;         6000 N !
  PAR G (ORDER, AL : IR : AL, IR : AL, IR ; 0)  300 +GSRO ;         6000 N !
  PAR G (ORDER, AL, IR : IR : AL : AL, IR ; 0)  300 +GSRO ;         6000 N !
  PAR G (ORDER, AL : IR : AL, IR : AL : AL ; 0)  300 +GSRO ;        6000 N !
  PAR G (ORDER, IR : IR : AL, IR : AL, IR ; 0)  300 +GSROIR ;       6000 N !
  PAR G (ORDER, AL, IR : AL : IR : IR : AL ; 0)  300 +GSRO ;        6000 N !
  PAR G (ORDER, AL : AL, IR : IR : AL, IR ; 0)  300 +GSRO ;         6000 N !
  PAR G (ORDER, IR : AL, IR : IR : AL, IR ; 0)  300 +GSROIR ;       6000 N !
  PAR G (ORDER, AL : IR : IR : AL, IR ; 0)      300 +GSROIR ;       6000 N !
  PAR G (ORDER, AL, IR : AL : AL : IR ; 0)      300 +GSRO ;         6000 N !
  PAR G (ORDER, AL : AL, IR : AL, IR : IR ; 0)  300 +GSRO ;         6000 N !
  PAR G (ORDER, AL : AL, IR : AL, IR : IR ; 0)  300 +GSRO ;         6000 N !
  PAR G (ORDER, IR : AL, IR : AL, IR : IR ; 0)  300 +GSROIR ;       6000 N !
  PAR G (ORDER, AL, IR : IR : AL, IR : IR ; 0)  300 +GSROIR ;       6000 N !
  PAR G (ORDER, AL, IR : AL, IR : IR : IR ; 0)  300 +GSROIR ;       6000 N !
```

通常，パラメーターの重複は，ファイル読み込み時にエラー出力されるが，ワイルドカードが用いられている場合には，同じパラメーターと認識されずにエラーが出ない．また，ソフトウェアに依存するが，関数の重複はデータベースを Append したときにも生じることがあるので合わせて注意が必要である．詳細は付録 A1.1 を参照していただきたい．

Split-CEF の記述で気をつける点は，不規則相と副格子サイトのモル数と構成成分を一致させることである．たとえば，規則相と不規則相の記述として，以下のように規則相が不規則化して全てのサイトフラクションが等しくなったときには，$0.25 \times 4 = 1$ モルとなり，不規則相のモル数と一致すればよい．両者の PHASE ラインの記述は，

PHASE ORDER %& 4 0.25 0.25 0.25 0.25 !
 CONSTITUENT ORDER :A,B:A,B:A,B:A,B: !
PHASE DISORDER % 1 1 !
 CONSTITUENT DISORDER :A,B: (2.58)

不規則相においては，規則相を記述する四つの副格子が等価になり，その和として1モルの副格子になるため，このときの四つの副格子は，同じ形をしている必要がある．たとえば，FCC 基の規則-不規則変態では，四つの副格子は全て単純立方格子である．実際には，Cr-Fe 系の σ 相のような五つのワイコフポジションから成る化合物を Split-CEF で記述できるが，結晶サイトが等価ではないため，その結果，高温域においても本来は完全に不規則化することはないが，不規則化しないことが陽に定義されていないため，エンドメンバーのギブスエネルギーの値によっては不規則化する場合がある．

規則相と不規則相で副格子のモル数が合わない場合にはエラーとなる．式 (2.59) は規則相が $0.5 \times 4 = 2$ モル，不規則相が1モルの場合で，エラーとなる．

PHASE ORDER %& 4 0.5 0.5 0.5 0.5 !
PHASE DISORDER % 1 1 !   (2.59)

また，部分的な規則化にも対応しており，たとえば，規則化により不規則相の

第二副格子が二つに分かれる場合

    PHASE ORDER %& 3 1 0.25 0.25 !
        CONSTITUENT ORDER :A:B,VA:B,VA: !
    PHASE DISORDER % 2 1 0.5 !
        CONSTITUENT DISORDER :A:B,VA: !   (2.60)

と記述できる[11]．また，置換型サイトと侵入型サイトが同時に規則化する場合の Split-CEF は，現在の市販ソフトウェアで取り扱えるものはない（この場合には規則相と不規則相を別々に定義し，式(2.52)を用いない）．この例としてはたとえば高 Cr 鋼に表れる MX 相と Z 相（NbCrNVa）があり，以下の記述では正しい計算が行われない．ただし CaTCalc では動作している可能性があるので興味のある方は試してみるとよいだろう．その場合，正しくギブスエネルギーとサイトフラクション（規則化と不規則化）が計算されているか確認が必要である．

    PHASE Z_PHASE %& 4 0.5 0.5 0.5 0.5 !
        CONSTITUENT Z_PHASE :CR,NB:CR,NB:N,VA:N,VA: !
    PHASE MX % 2 1 1 !
        CONSTITUENT MX :CR,NB:N,VA: !   (2.61)

前節で説明したとおり，侵入型固溶体と置換型固溶体の定義上の違いはなく，CONSTITUENT ラインで Va が入るかどうかだけである．たとえば以下の記述でもエラーとなる．

    PHASE ORDER %& 4 0.5 0.5 0.25 0.25 !
        CONSTITUENT ORDER : AL,IR : AL,IR : AL,VA : AL,VA : !
    PHASE DISORDER % 2 1 0.5 !
        CONSTITUENT DISORDER :AL,IR : AL,VA : !   (2.62)

そのほか置換型サイト上の Va を含む規則化として，B2 相における Triple defect（構造空孔）があり，以下の記述が可能である．このときに，Va:Va などの空の構造が現れる場合には，大きな正の値（$+40*T$ など）を代入すること．

```
PHASE ORDER %& 2 0.5 0.5 !
    CONSTITUENT ORDER :AL%,IR,VA : AL,IR%,VA : !
PHASE DISORDER % 1 1 !
    CONSTITUENT DISORDER :AL,IR,VA : !
```
(2.63)

2.3.7 Split-CEF（四副格子 BCC 相）

次に BCC 格子における Split-CEF モデルの記述を取りあげる．用いるギブスエネルギー式は FCC 格子と同じである（式(2.51)-(2.53)）．しかし FCC 格子と結晶の対称性が異なることから，パラメーター間の関係は以下のようになる．

$$
\begin{aligned}
&G_{A:A:A:B} = G_{A:A:B:A} = G_{A:B:A:A} = G_{B:A:A:A} \\
&G_{A:B:B:B} = G_{B:A:B:B} = G_{B:B:A:B} = G_{B:B:B:A} \\
&G_{A:A:B:B} = G_{B:B:A:A} \\
&G_{A:B:A:B} = G_{A:B:B:A} = G_{B:A:A:B} = G_{B:A:B:A} \\
&L^{(0)}_{A,B:*:*:*} = L^{(0)}_{*:A,B:*:*} = L^{(0)}_{*:*:A,B:*} = L^{(0)}_{*:*:*:A,B} \\
&L^{(0)}_{A,B:*:A,B:*} = L^{(0)}_{A,B:*:*:A,B} = L^{(0)}_{*:A,B:*:A,B} = L^{(0)}_{*:A,B:A,B:*} \\
&L^{(0)}_{A,B:A,B:*:*} = L^{(0)}_{*:*:A,B:A,B}
\end{aligned}
$$
(2.64)

式(2.64)の関係を用いて入力を簡略化したのが B オプションである．詳細は付録 A1.3 を参照．表 2.7 に入力例[12]を示す．ここでは，B オプションを用いずに全てのパラメーターを入力している．

ここで WABi は，第 i 近接対相互作用で，この場合第三近接対相互作用まで取り入れていることになる．SROi は第 i 近接対における SRO の影響を取り入れるためのものである．

2.3.8 磁気過剰ギブスエネルギー

磁気過剰ギブスエネルギー（3.2 節参照）は，式(3.12)で表される．ここで入力するのは，磁気転移温度（TC）と磁気モーメント（β），反強磁性因子 α^{af}，式(3.13)，式(3.14)中の係数 f である．α^{af} と f は，BCC 相に対しては，以下の

表 2.7 A-B 二元系における BCC 相における四副格子 Split-CEF のパラメーター記述例[12].

```
TYPE_DEFINITION ( GES AMEND_PHASE_DES ORDER DIS_PART DISORDER,,, !
  PHASE ORDER %( 4 0.25 0.25 0.25 0.25 !
  CONSTITUENT ORDER : A, B : A, B : A, B : A, B : !
  PAR G (ORDER : F, A : A : A : A ; 0)   300  +0 ;                    6000 N !
  PAR G (ORDER, B : A : A : A ; 0)       300  +2*WAB1+1.5*WAB2 ;      6000 N !
  PAR G (ORDER, A : B : A : A ; 0)       300  +2*WAB1+1.5*WAB2 ;      6000 N !
  PAR G (ORDER, A : A : B : A ; 0)       300  +2*WAB1+1.5*WAB2 ;      6000 N !
  PAR G (ORDER, A : A : A : B ; 0)       300  +2*WAB1+1.5*WAB2 ;      6000 N !
  PAR G (ORDER, B : B : A : A ; 0)       300  +4*WAB1 ;               6000 N !
  PAR G (ORDER, B : A : B : A ; 0)       300  +2*WAB1+3.0*WAB2 ;      6000 N !
  PAR G (ORDER, B : A : A : B ; 0)       300  +2*WAB1+3.0*WAB2 ;      6000 N !
  PAR G (ORDER, A : B : B : A ; 0)       300  +2*WAB1+3.0*WAB2 ;      6000 N !
  PAR G (ORDER, A : B : A : B ; 0)       300  +2*WAB1+3.0*WAB2 ;      6000 N !
  PAR G (ORDER, A : A : B : B ; 0)       300  +4*WAB1 ;               6000 N !
  PAR G (ORDER, A : B : B : B ; 0)       300  +2*WAB1+1.5*WAB2 ;      6000 N !
  PAR G (ORDER, B : A : B : B ; 0)       300  +2*WAB1+1.5*WAB2 ;      6000 N !
  PAR G (ORDER, B : B : A : B ; 0)       300  +2*WAB1+1.5*WAB2 ;      6000 N !
  PAR G (ORDER, B : B : B : A ; 0)       300  +2*WAB1+1.5*WAB2 ;      6000 N !
  PAR G (ORDER, B : B : B : B ; 0)       300  +0 ;                    6000 N !
  PAR G (ORDER, A, B : * : * : * ; 0)    300  +3*WAB3 ;               6000 N !
  PAR G (ORDER, * : A, B : * : * ; 0)    300  +3*WAB3 ;               6000 N !
  PAR G (ORDER, * : * : A, B : * ; 0)    300  +3*WAB3 ;               6000 N !
  PAR G (ORDER, * : * : * : A, B ; 0)    300  +3*WAB3 ;               6000 N !
  PAR G (ORDER, A, B : A, B : * : * ; 0) 300  +SRO2 ;                 6000 N !
  PAR G (ORDER, A, B : * : A, B : * ; 0) 300  +SRO1 ;                 6000 N !
  PAR G (ORDER, A, B : * : * : A, B ; 0) 300  +SRO1 ;                 6000 N !
  PAR G (ORDER, * : A, B : A, B : * ; 0) 300  +SRO1 ;                 6000 N !
  PAR G (ORDER, * : A, B : * : A, B ; 0) 300  +SRO1 ;                 6000 N !
  PAR G (ORDER, * : * : A, B : A, B ; 0) 300  +SRO2 ;                 6000 N !
```

ように記述する.

$$\text{TYPE\_DEFINITION 8 GES A\_P\_D BCC\_A2 MAGNETIC } -1.0 \ 0.4 \ ! \tag{2.65}$$

この A_P_D の引数は，対象とする相：BCC_A2, 追加する特性：Magnetic (磁気過剰ギブスエネルギー項)で，反強磁性因子が -1, 式 (3.13)-(3.14) の

f 値が 0.4 である．BCC 以外の相の磁気過剰ギブスエネルギーの場合，反強磁性因子は -3，f 値は 0.28 が用いられる．この場合の記述は以下のようになる．

TYPE_DEFINITION B GES A_P_D FCC_A1 MAGNETIC -3.0 0.28 !
$$(2.66)$$

このほかに，f の値によって，異なる関数を用いる場合がある．BCC においては $f=0.37$，それ以外の相においては $f=0.25$ とした場合にのみ式 (3.15) で示した 4 項まで級数を用いたモデルが用いられる．これは，最近のより精密な熱力学アセスメント[2]によるものであり，Thermo-Calc でのみ有効である．その記述は以下のようになる．Thermo-Calc 以外のソフトウェアでは，そのまま 3 項の級数が用いられてしまうため計算結果が異なる（違いはそれほど大きくはない）．モデルについては 3.2 節を参照．

TYPE_DEFINITION C GES A_P_D FCC_A1 MAGNETIC -3.0 0.25 !
TYPE_DEFINITION D GES A_P_D BCC_A2 MAGNETIC -1.0 0.37 !
$$(2.67)$$

表 2.8 に TDB ファイルにおける記述例を示す．TC は転移温度（キュリー

表 2.8 A-B 二元系 BCC 相の磁気過剰ギブスエネルギーの記述例．

```
TYPE_DEFINITION A GES A_P_D BCC MAGNETIC -1.0 0.4 !
PHASE BCC %A 1 1 !
   CONSTITUENT BCC : A, B : !
   PARAMETER G (BCC, A ; 0)         298.15 +GBCCA ;    6000 N !
   PARAMETER G (BCC, B ; 0)         298.15 +GBCCB ;    6000 N !
   PARAMETER G (BCC, A, B ; 0)      298.15 -10000 ;    6000 N !
   PARAMETER TC (BCC, A ; 0)        298.15 +1000 ;     6000 N !
   PARAMETER TC (BCC, B ; 0)        298.15 +500 ;      6000 N !
   PARAMETER TC (BCC, A, B ; 0)     298.15 -100 ;      6000 N !
   PARAMETER BMAGN (BCC, A ; 0)     298.15 +2.22 ;     6000 N !
   PARAMETER BMAGN (BCC, B ; 0)     298.15 +0.3 ;      6000 N !
   PARAMETER BMAGN (BCC, A, B ; 0)  298.15 -1.2 ;      6000 N !
   PARAMETER BMAGN (BCC, A, B ; 1)  298.15 +0.5 ;      6000 N !
```

温度，またはネール温度），BMAGN はボーア磁子で規格化された磁気モーメントである．それぞれ式(3.16)で与えられる．

2.4 TDB ファイル作成時のチェックポイント

　論文から TDB ファイルを作成するに当たっては，多くのチェックポイントがあるが，主要なものを以下にまとめておく．要点は，使われている熱力学モデルやパラメーターの出典をチェックすることと，通常多くの数式と数値を入力するためケアレスミスを防ぐことが大切である．そのためには，可能であれば複数名で TDB ファイルを相互チェックする，複数のソフトウェアで動作チェックすると良いだろう．作成した本人ではなかなか気が付かないところが間違っているということは往々にして起こることである．将来，TDB ファイルを見直したり，追加・修正することを考えれば，できるだけわかりやすい書式で十分な情報をファイル中に記述しておくことが必要である．この点も複数名で TDB をチェックすることで改善される．特に論文をうまく再現できないときや，論文のパラメーターに誤植があった場合には，全ての変更点の詳細について記録しておく必要がある．

2.5　状態図が再現できないときのチェック項目

　NIMS 熱力学データベースには，現在約 250 の二元系が集録されている．論文から TDB ファイルを作成するに当たって，何らかの修正を行った合金系は，修正内容を TDB ファイル中に記載している．全く修正なく TDB ファイルを作成することができた論文の数は少なく，何らかの修正が必要となる論文が多い．同データベースに掲載されている合金系以外に，いろいろな可能性を試したものの結局，論文掲載の状態図を再現できる TDB ファイルを作成できなかった論文も多く存在する．その割合は，全体の約 1 割ぐらいになるだろう．ほとんどの TDB ファイル作成には何らかの修正が必要であり，誤植を修正するためには多くの試行錯誤が必要となる．ここでは，そのときのチェックポイントについて取り上げる（**表 2.9**）．

表 2.9 TDB 作成チェックリスト．

モデルの確認
- ☐ 使われている熱力学モデルは合っているか？
- ☐ 副格子の構成元素は正しいか？
- ☐ 副格子の数とモル数は合っているか？
- ☐ 侵入型副格子が定義されているか？
- ☐ R-K 級数項の番号（$n=0, 1, 2,...$）は合っているか？
- ☐ 過剰自由エネルギー項の確認．R-K 級数，Muggianu 型か？
- ☐ 磁気変態をする元素や相が計算に含まれているか？
- ☐ 磁気変態する相は BCC 相かそれ以外か？
- ☐ ラティススタビリティの出典は正しいか？

記述の確認
- ☐ 論文の R-K 級数式中の元素の並びはアルファベット順になっているか？
- ☐ エネルギーの単位は J か cal か？
- ☐ モルの定義は原子 1 モルか化合物 1 モルか？
- ☐ 圧力の単位は，Pa か Atm（＝101325 Pa）か？
- ☐ Type-definition による付加情報の呼び出し記号は重複していないか？
- ☐ 小文字が混ざっていないか？
- ☐ 記述中に Log が混在していないか（LOG(T) と LN(T) は異なる）？
- ☐ 三元相互作用パラメーターの番号は合っているか？
- ☐ 1 行文字数が 80 文字以上になっていないか？
- ☐ ラインの最後に " ! " が付いているか？
- ☐ コロンとセミコロンを間違えていないか？
- ☐ カンマとピリオドを間違えていないか？
- ☐ パラメーターの符号を間違えていないか？
- ☐ 乗数や演算記号は間違っていないか？
- ☐ 引数やパラメーターの桁を揃えて記入してあるか？
- ☐ 2 行目の 1 文字目はスペースにしてあるか？
- ☐ 不要な文字が入っていないか？
- ☐ 相や変数名に禁則文字が使われていないか？

計算結果の確認
- ☐ 論文に記載の不変反応の温度と組成は全て再現できているか？
- ☐ 高温域・低温域での相平衡をチェックしたか？
- ☐ 純物質の同素変態を見逃していないか？
- ☐ 相境界が途切れているまたは不自然に交差している部分はないか？
- ☐ 規則相は規則化しているか？
- ☐ 溶解度ギャップが隠れていないか？

ヘッダー情報の確認
- ☐ 著者の名前や出版年など，ミスタイプはないか？
- ☐ 出典，作成者など必要な事項が全て明記されているか？
- ☐ TDB 作成時の修正点は全て記述されているか？

2.5 状態図が再現できないときのチェック項目

■ ラティススタビリティの確認

ⅰ) ほとんどの論文でラティススタビリティは(1991DIN, A. T. Dinsdale, CALPHAD, **15** (1991), 317-425)が参考文献に挙げられている．この論文のデータは，SGTE Unary データベースとして無償で公開されており，1991年以降，何度も改訂が続けられている．現在の最新バージョンは5.0である．この間，多くの元素のラティススタビリティが修正・追加されており，その履歴は同データベースのヘッダー部に記載されている．最近の熱力学解析の論文では，より新しい SGTE Unary データベースを用いているはずであるが，参考文献には 1991DIN と書かれているのみでバージョンが記載されていないことが多い．したがって，1991DIN の関数を使って状態図がうまくかけないときは，新しい SGTE Unary データベース(SGTE Unary Ver. 4.4 や Ver. 5.0)を試してみるとよい．

ⅱ) 1991DIN が参考文献として引用されているのに，1991DIN にはラティススタビリティの値が報告されていないものがある．たとえば，一部のランタノイド元素がそうである．DHCP や α-Sm-type のラティススタビリティが 1991DIN にない場合は HCP の値を使ってうまくいくこともある．

ⅲ) SGTE Unary データベースでは，Zn と Cd などの HCP の軸比(c/a)が理想比と大きく異なる元素に対しては HCP_ZN を定義し，通常の HCP_A3 と区別している．Zn や Cd を含む系の場合，両者が混在しているためどちらのギブスエネルギーを使っているのか確認すること．

ⅳ) 文献(1991DIN)よりも前に発表された熱力学解析では，1991DIN とは異なるラティススタビリティが使われていることが多いため，その出典を確認すること．

ⅴ) 融点や同素変態温度を確認すること．それにより SGTE Unary データベースのバージョンを特定できることがある．

■ ガス成分のギブスエネルギー

ガス相のギブスエネルギーは，分子1モルに対して与えられている場合と，原子1モル当たりで与えられている場合がある．たとえば N2 か 1/2N2 かのどちらであるか確認すること．または単原子ガス成分(N)のギブスエネルギーとガス分子成分(1/2N2)のギブスエネルギーは異なるので混同しないこと．

■ R-K 級数

ⅰ) 同じ副格子中の成分の記述がアルファベット順になっているか確認すること．また論文によっては，アルファベット順でないまま熱力学アセスメントがされているものがあるのでこの点も確認すること．

ⅱ) 1990年代以前の論文では，過剰ギブスエネルギー項に R-K 級数ではなく，別の級数が用いられていることがあるので級数形を確認すること．同様に三元系への拡張が Muggianu 型でない場合もある．

■ 磁気過剰ギブスエネルギーの確認

論文中に磁気過剰ギブスエネルギーについてなにも触れられていない場合があるが，系に含まれる元素が磁性を持っている場合（SGTE Unary データベースに記載されている場合），追加することで状態図が再現できることがある．

■ 副格子構成の確認

ⅰ) 化合物の比を整数比にするか分率にするか明記されていない場合がある．パラメーターがどちらで与えられているかわからない場合には両方を試してみること．また，生成エンタルピーの比較などの図面があれば，そこから読み取ったデータとパラメーターの値が一致するか確認すること．また，副格子の記述が本文中に書かれている説明と表にまとめられたときの記述で異なる場合があるので注意すること．表に書かれているとおりに入力しても再現できない場合には，本文中のモデルの説明も確認すること．

ⅱ) 副格子の定義が本文，Table，式で整合しておらず，状態図が再現できない場合，状態図上の単相域の伸び方で副格子構成を類推できることがある．たとえば Au-Ga 二元系[1]を参照．

ⅲ) BCC や FCC 固溶体では，侵入型サイトを含めて定義されている場合とされていない場合がある．両者が混在するとエラーとなる場合がある．たとえば，BCC の八面体位置であれば，

```
 PHASE BCC_A2 % 2 1 3 !
    CONSTITUENT BCC_A2 :CR,FE : VA : !
```

となっている場合があるが，N や C などの侵入型元素が含まれていないと下記のように第二副格子が定義されていないことがある．

2.5 状態図が再現できないときのチェック項目

```
PHASE BCC_A2 % 1 1 !
    CONSTITUENT BCC_A2 :CR,FE : !
```

そのため，パラメーターの記述も異なり，前者では

```
PAR G(BCC_A2, FE:VA;0) 298.15 +GHSERFE; 6000 N !
```

後者では，

```
PAR G(BCC_A2, FE;0) 298.15 +GHSERFE; 6000 N !
```

と記述する．たとえば以下のように，これらが混在すると，エラーとなる．

```
PAR G(BCC_A2, FE;0) 298.15 +GHSERFE; 6000 N !
PAR G(BCC_A2, CR;0) 298.15 +GHSERCR; 6000 N !
PAR G(BCC_A2,CR,FE:VA;0) 298.15 +L0; 6000 N !
```

ラティススタビリティをSGTE Unary Ver.5.0からコピーすると，前者の記述になっているため，論文から書き起こしたときに，侵入型サイトのVAを追加（または削除）しておくことを忘れるケースが多い．

■ **高温域・低温域の相平衡の確認**
　論文に掲載されている状態図の温度範囲が狭いことがあるが，常に1K〜6000Kまで計算してみること．高温側や低温側で相分離などが現れたり，思わぬところに化合物や液相が現れることもある．この場合，パラメーターのミスタイプの可能性をまずは疑うこと．当該のパラメーターの符号，小数点の位置を変えてみること．ただし，超高温域での液相の相分離や凝固・規則化は，ガス相を考慮することで準安定となることが多い．

■ **パラメーターの丸め**
　アセスメントを化合物1モルで行ったものを，論文では原子1モルに変換して記載していることがある．多くは問題ないが，ある狭い温度域でしか現れない化合物の場合や大きな整数比の化合物の場合には，丸めによる誤差によってその相が現れなくなることがある．そういった相の場合，化合物1モル⇔原子1モルの換算をして，それぞれで状態図を書いてみるとよい．

■ 熱力学量との比較

パラメーターの確認として，論文にエンタルピーや活量のデータの記述がある場合にはそれらの値と比較する．特に生成エンタルピーは手掛かりになることが多い．

■ コングルーエント点の比較

準安定平衡として，化合物のコングルーエント点の計算を行うとよい．液相のギブスエネルギーが正しいとすると，コングルーエント点では，液相と対象とする化合物のギブスエネルギーは等しくなっているはずである．そこから，化合物の温度依存項がある程度推定できる．また，液相のギブスエネルギーが疑わしい場合，たとえば，1：1化合物の融点（コングルーエント）を比較する．液相のR-K級数は1：1組成で$n=0$項以外はゼロになるため，液相のR-K級数の$n=1$以降が怪しいときには参考になる．また，1：1組成を境に，実際の状態図と計算した状態図の不変反応の温度の差が逆転する場合，液相のR-K級数の奇数項（$n=1, 3, 5 \cdots$）が疑わしい．

■ 不変反応の比較

ある不変反応，たとえば，AB＋B⇔Liquid の共晶反応が論文の値を再現できている場合，そこに含まれる相のギブスエネルギーは正しいと推定される．したがって，AB＋A⇔Liquid の共晶反応温度が合わない場合には，A 相のギブスエネルギーを確認するとよい．多くの不変反応がずれている場合には，それらに共通した（複数の）相のギブスエネルギーが間違っている可能性が高い．

■ 準安定状態図の計算

状態図に複数の相境界が交錯して現れる場合，準安定相と安定相のギブスエネルギー（または相境界）が近く，ソフトウェアがうまく相平衡を計算できていない場合がある．または部分的に本来準安定である相が安定化している可能性もある．たとえば，副格子数が多い化合物相などは，その化合物相だけ，または純元素や液相を合わせて準安定状態図を計算するとよい．それによって隠れている溶解度ギャップが現れることがある．

■ ほかの熱力学解析結果との比較

主要な合金系であれば過去に熱力学解析が行われている場合が多い．別のグループの結果とパラメーターの値を比較することで，小数点の位置のずれや符

2.5 状態図が再現できないときのチェック項目

号のミスプリントなどを見つける手がかりになる．

■ **侵入型副格子モデルの注意点の確認**

侵入型副格子の場合，プログラム（PANDAT 8.2 よりも以前のバージョン）によって侵入型サイトと置換型サイトのモル比の上限がある（侵入型サイト上のモル数を大きくできない）．この場合，計算は行われるが正しい結果ではない．また，現在の市販パッケージでは Split-CEF で侵入型副格子上での規則化は取り扱うことができない．

■ **二副格子イオン溶体モデル**

PANDAT 8.2 まではサポートしていたが，PANDAT 2012 以降では二副格子イオン溶体モデルを取り入れていない．これによりロードエラーが出る．

■ **複数のソフトウェアによるチェック**

エラーの原因がソフトウェアに起因する場合があるため，複数のソフトウェアで TDB ファイルを実行してみるとよい．三元系までであれば，PANDAT や CaTCalc のデモ版（無償ダウンロード）を用いることができる．または，同じソフトウェアでもバージョンが異なるものを用いてみるのも有効である．特に Thermo-Calc で見つけられなかった相分離がほかのソフトウェアで見つかることもある．ソフトウェアとバージョンによってエラーの現れ方が異なることが多く，TDB ファイルのエラーを見つけるのに役立つ．また，複数のソフトウェアでチェックすることでより互換性が高い TDB ファイルにすることができるだろう．

■ **単位の確認**

TDB ファイルが正しく作られたか確認するために実際に計算を行う時に単位を間違えないこと．温度の単位 K と℃，組成のモルフラクションと重量フラクション，フラクションとパーセント，Pa と atm が間違いやすい点である．

■ **対数の表記**

ギブスエネルギー式などの記述においては自然対数が用いられるが，その記述として Ln と Log がともに自然対数として計算される場合と，Log は常用対数として取り扱われる場合がある．TDB ファイル中に LOG が混在している場合（COST データベース）には，LN に書き換えておくこと．

■ スペース

TDB ファイルの記述の中で全体を見やすくするためにスペースを挿入するとよい．しかし，ソフトウェアによっては，そのスペースが意味を持ちエラーの原因となる場合があるため，特定できないエラーが生じた場合には，不要なスペースを消去してみるとよい．たとえば，式 (2.41) において元素名の前にスペースを入れると Thermo-Calc ではエラーとなる（たとえば G(COND, CO : ND ; 0))．

■ 記述の確認

TDB ファイルの記述には細かいルールがある．表 2.9 のチェックリストを再度確認すること．特に相や変数の名称には用いることができない文字もあるため，相が認識されない場合には，相名，変数名を変えてみること．

■ 第三者による TDB ファイルのダブルチェック

TDB を作成した本人が何度見直してもわからないことが，第三者に見てもらうことで簡単に見つかることがある．

■ 著者への問い合わせ

これらをすべて検討しても状態図が再現できない場合には，努力の跡が見える TDB ファイルを添付して，論文の著者に問い合わせるのが最後の手段である．

2.6 まとめ

第 2 章では，TDB ファイルの記述ルールと種々の熱力学モデルのパラメーターの記述について説明した．いくつかの熱力学モデルは複雑ですぐには理解できないかもしれないが，状態図の定性的な変化だけであれば正則溶体モデルだけを用いても十分に再現できる．したがって，状態図・熱力学計算の初心者であれば，まずは複雑な非化学量論化合物の副格子モデルと四副格子による Split-CEF は考えずに，正則溶体モデルだけを用いて TDB ファイルを作成してみるとよいだろう．それらの作成例は，参考文献[7, 13]とウェブサイト[1]に掲載されているので合わせて試してもらいたい．

第 2 章 参考文献

[1] NIMS 熱力学データベース：http://www.nims.go.jp/cmsc/pst/database/
計算状態図データベース：http://cpddb.nims.go.jp/
[2] Q. Chen and B. Sundman, J. Phase Equilibria, **22** (2001), 631-644.
[3] J. Miettinen, CALPHAD, **23** (1999), 231-248.
[4] X. Liu, Z. Du, C. Guo and C. Li, J. Alloys Compd., **439** (2007), 97-102.
[5] M. Seiersten, COST 507, Thermochemical database for light metal alloys, vol. 2(Ed.)I. Ansara, A. T. Dinsdale and M. H. Rand (1998).
[6] P. Gustafson, Scandinavian J. Metall., **14** (1985), 259-267.
[7] 阿部太一，材料設計計算工学　計算熱力学編，内田老鶴圃 (2011).
[8] T. Abe, M. Shimono, M. Ode and H. Onodera, Acta Mater., **54** (2006), 909-915.
[9] B.-J. Lee and N. Saunders, Z. Metallkd., **88** (1997), 152-161.
[10] T. Abe, C. Kocer, M. Ode, Y. Yamabe-Mitrarai, K. Hashimoto and H. Onodera, CALPHAD, **32** (2008), 686-692.
[11] J. Hu, C. Li, F. Wang and W. Zhang, J. Alloys Compd., **421** (2006), 120-127.
[12] T. Abe and M. Shimono, CALPHAD, **45** (2014), 40-48.
[13] 西沢泰二，ミクロ組織の熱力学，日本金属学会 (2005).

3

熱力学モデル

本章では，純物質(元素)のギブスエネルギーの与え方から始め，CALPHAD法で用いられている種々の熱力学モデルについて取りあげる．これら熱力学モデルのパラメーターが第2章で説明したデータベースとして記述されることになる．第2章までの知識でTDBファイルの作成は可能であるが，状態図・熱力学計算のより深い理解のためには，本章で取りあげる熱力学モデルの理解が重要である．熱力学計算のよりよい理解のため，頑張ってこの章も読み進んでいただければと思う．第2章で頻繁に出てきたSplit-CEF(Split Compound Energy Formalism)については，その大枠のみを説明している．さらに興味のある方は，合わせて参考文献(材料設計計算工学 計算熱力学編，内田老鶴圃(2011))を参照してほしい．

3.1 純物質(元素)のギブスエネルギー

ギブスエネルギーの独立変数は，温度 T，圧力 P，原子のモル数 N である．実験では圧力一定の環境下(大気圧下)で温度や合金の組成を制御する場合が多いため，圧力の関数であるギブスエネルギーを用いると独立変数の数を一つ減らす(圧力を一定にする)ことができるので都合がよい．一方，気相を含む反応などの，大きな体積変化を伴う場合においては，体積 V を独立変数としたヘルムホルツエネルギー F が用いられる．これらの自由エネルギーは，ルジャンドル変換により変換 $(G \Leftrightarrow F)$ できる．多くの合金状態図では凝縮相(固相，液相)が対象となるため主にギブスエネルギーが用いられている．

CALPHAD法では，純元素のギブスエネルギーを式(3.1)で表されるように温度のみに依存する項(右辺第1項)と温度と圧力に依存する項(右辺第2項)に分けて記述する．ここで，${}^0G_{\mathrm{m}}^{\phi\text{-}i}(T,P)$ は，結晶構造 ϕ を持つ元素 i のモルギブスエネルギーを示している(左肩の0は純物質であることを示している)．

$$^0G_{\mathrm{m}}^{\phi\text{-}i}(T,P) = {}^0G_{\mathrm{m}}^{\phi\text{-}i\text{-Temp}}(T) + {}^0G_{\mathrm{m}}^{\phi\text{-}i\text{-Press}}(T,P) \tag{3.1}$$

右辺の第2項，ギブスエネルギーの圧力依存性はMurnaghanモデル[1]により与えられる．温度 T K，圧力 $P=0$ Pa における体積弾性率を $K_0(T,0)$ とし，等温圧縮率 κ，モル体積 V_{m}，体積膨張率 $\alpha(T,P)$，$T_0 = 298.15$ K とすると，ギブスエネルギーの圧力依存項は，次式で与えられている．

$$G_{\mathrm{m}}^{\phi\text{-}i\text{-Press}}(T,P) = \int_0^P V_{\mathrm{m}}(T,P)\,dP$$

$$= \frac{V_{\mathrm{m}}(T_0,0)\exp\left[\int_{T_0}^T \alpha(T,0)\,dT\right]}{\kappa(T,0)(a_1-1)}\left\{[1+a_1\kappa(T,0)P]^{1-\frac{1}{a_1}}-1\right\} \tag{3.2}$$

式(3.2)中の純物質の体積膨張率と等温圧縮率の温度依存性は級数を用いて，

$$\alpha(T,0) = \alpha_0 + \alpha_1 T + \alpha_2 T^2 + \alpha_3 T^{-2} \tag{3.3}$$

$$\kappa(T,0) = \kappa_0 + \kappa_1 T + \kappa_2 T^2 \tag{3.4}$$

により与える．ここで α_i, κ_i は定数である．標準状態($P=10^5$ Pa，$T=298.15$ K)では，数 Jmol^{-1} 程度であるため，多くのデータベース(たとえば表1.2のデータベースを参照してもらいたい)でこの圧力項は考慮されていない．

次に式(3.1)の第1項であるギブスエネルギーの温度依存性は，比熱や変態潜熱などの実験データを基に決められている．結晶構造 ϕ を持つ元素 i のエンタルピー $H_{\mathrm{m}}^{\phi\text{-}i}$ とエントロピー $S_{\mathrm{m}}^{\phi\text{-}i}$ はそれぞれ次式で与えられる．

$$H_{\mathrm{m}}^{\phi\text{-}i} = H^{\text{SER-}i} + \int C_{\mathrm{P}}\,dT \tag{3.5}$$

$$S_{\mathrm{m}}^{\phi\text{-}i} = S_0 + \int \frac{C_{\mathrm{P}}}{T}\,dT \tag{3.6}$$

$H^{\text{SER-}i}$ は，元素 i のエンタルピーの基準であり，SER は，Standard Element Reference の略で，標準状態($T=298.15$ K，$P=10^5$ Pa)におけるその元素の安定結晶構造の値が用いられている．エントロピーの基準 S_0 は，熱力学第三法則から $T=0$ K で $S_0=0$ Jmol^{-1}K^{-1} である．式中の定圧比熱 C_{P} の温度依存性には経験式が用いられている．これまで多くの経験式が提案されているが，たとえば，

3.1 純物質(元素)のギブスエネルギー

$$C_P = c + dT + eT^2 + fT^{-2}$$
$$C_P = c + dT + eT^{-2}$$
$$C_P = c + dT + eT^{-1/2}$$
$$C_P = c + dT + eT^2 + fT^{-1/2} + gT^{-1} + hT^{-2} + iT^{-3}$$
$$C_P = c + dT + eT^2 + fT^3 \tag{3.7}$$

ここで，$c, d, e, \cdots$ は定数である．このように対象物質の比熱の温度依存性をよりよく表現するためにいろいろな関数形が提案されている．いくつかの項は，高温域(T^n項)や低温域(T^{-n}項)における比熱の急激な変化を表現するために導入されている．純物質の定圧比熱の温度依存性を**図 3.1**に示す．式(3.7)の経験式の第 1 項の定数項は，Dulong-Petit 則(定積比熱 $C_V = 3R \approx 25$ J/mol/K)を表現するためのもので，どの物質も 25 前後の値になっている．右辺第 2 項の dT は主に電子比熱や非調和振動によるもので $d \approx 10^{-3}$ J/mol/K^2 程度の値になる．これら以外の T^n 項($n = 2, 3$)は，融点近傍などの高温域での急激な比熱の変化(空孔の生成などに起因する)を表現するためのものである．また，T^n 項($n = -1/2, -1, -2, -3$)は低温域での急激な減少に対応するものである．また，多くの場合，この純元素の比熱のみを用いて化合物の比熱が表されている．これを Kopp-Neumann(K-N)則と呼ぶが，この点については後章でもう一度取りあげる．

式(3.7)の経験式の中で，CALPHAD 法では，通常一番上の形式($C_P =$

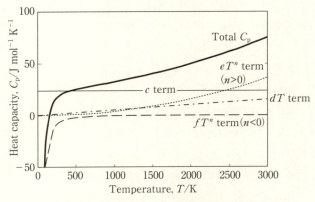

図 3.1 純物質の比熱の温度依存性の模式図．

$c + dT + eT^2 + fT^{-2}$)が用いられている．これを式(3.5)，(3.6)に代入すると，エンタルピーとエントロピーは，

$$H_m^{\phi\text{-}i} - H^{\text{SER-}i} = cT + \frac{1}{2}dT^2 + \frac{1}{3}eT^3 - fT^{-1} + a \tag{3.8}$$

$$S_m^{\phi\text{-}i} = c \ln T + dT + \frac{1}{2}eT^2 - \frac{1}{2}fT^{-2} + b \tag{3.9}$$

ここで，a と b は積分定数である．式(3.9)に $T=0$ K を代入して明らかなように $S=0$ にはならない（$T \Rightarrow 0$ で $\ln T$ と T^{-2} が発散する）．これは，これら関数を室温以下まで外挿することは可能であるが，式(3.7)の温度の級数による定圧比熱の記述が低温域の比熱を表すには不十分であることによるもので，純元素のギブスエネルギー関数の有効温度範囲は，通常，室温が下限になっている（したがって TDB ファイルには，下限値である室温の値（$H_{288.15}$, $S_{298.15}$）が集録されている）．式(3.8)，(3.9)からギブスエネルギーは，

$$^0G_m^{\phi\text{-}i\text{-Temp}} - H^{\text{SER}} = a + (c-b)T - cT \ln T - \frac{1}{2}dT^2 - \frac{1}{6}eT^3 - \frac{1}{2}fT^{-1} \tag{3.10}$$

各元素に対して決められたギブスエネルギーは，SGTE Unary データベース（SGTE : Scientific Group Thermodynamic data Europe）としてまとめられ，無償で配布されている（現在の最新版 Ver. 5.0 がダウンロード可能である[2]）．ギブスエネルギーの温度依存性の一例として**図 3.2** に純 Fe の計算結果を示す．ギブスエネルギーは FCC 相を基準にしている．融点において BCC，FCC，Liquid の比熱に曲がりが見られるのがわかるだろう．この点で関数が切り替わっているが，関数の切り替え点では，このように CALPHAD 法では二次の導関数まで連続になるように考慮されている（すなわち，三次以上の高次の相転移は無視している）．

このように決められた各元素に対して標準状態の安定相を基準として与えられた各相（安定相，準安定相）の相対的なギブスエネルギーのことをラティススタビリティと呼ぶ．これは Kaufman[3] によって導入された考え方である．実際の TDB ファイルの作成においては，これら元素のギブスエネルギー関数は，SGTE Unary データベース[2]からコピーすればよい．

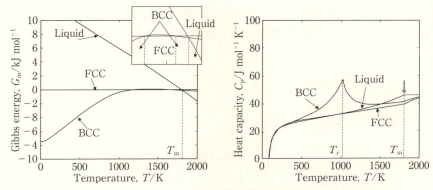

図 3.2 (a) 純 Fe のギブスエネルギーの温度依存性 ($^0G_\text{m}^{\phi\text{-Fe-Temp}} - {^0G_\text{m}^{\text{FCC-Fe-Temp}}}$, FCC-Fe 基準). (b) 純 Fe の比熱の温度依存性 ($P = 10^5$ Pa). BCC-Fe には磁気変態に伴う磁気比熱が現れる. T_c は磁気変態温度, T_m は融点. 計算には Thermo-Calc, SGTE Unary データベースを用いた.

安定構造の元素のギブスエネルギーは, 比熱などの実験データを基に決められている. しかし, たとえば BCC-Cu や HCP-Al など実際には安定相として存在しない結晶構造に対しては求めることができない. これらの安定結晶構造以外の結晶構造をとった場合の元素のギブスエネルギーは, たとえば多元化したときの固溶体や化合物のギブスエネルギーを与えるときに必要となる. 現在では, 第一原理計算を用いて, 準安定構造の生成エネルギーの推定が可能となっており, 室温以下の比熱へのデバイモデルの導入を含め, SGTE Unary データベースのさらなる精度向上が図られている.

3.2 磁気過剰ギブスエネルギー

磁性相の場合には, 磁気過剰ギブスエネルギー G_m^Mag を式 (3.1) に加える必要がある. CALPHAD 法において, 磁気過剰ギブスエネルギーは Inden-Hillert-Jarl(I-H-J) モデル[4]により与えられている. このモデルでは磁気比熱の温度依存性を級数で近似する. スピンの状態を考慮したモデルではないため, 反強磁性−常磁性, 強磁性−常磁性転移のどちらに対しても同じモデルを適用することができる. したがって, 図 3.2 に示したラムダ型の比熱の温度依存性を

示す転移であれば磁気転移ではなくても適用可能である(ガラス転移など). 磁気転移温度よりも高温側の常磁性領域の比熱 $C_\mathrm{p}^\mathrm{Para}$ と低温側の比熱 $C_\mathrm{p}^\mathrm{Ferro}$ は次式で表される.

$$C_\mathrm{p}^\mathrm{Ferro} = 2K^\mathrm{Ferro} R \left(\tau^n + \frac{\tau^{3n}}{3} + \frac{\tau^{5n}}{5} \right)$$

$$C_\mathrm{p}^\mathrm{Para} = 2K^\mathrm{Para} R \left(\tau^{-m} + \frac{\tau^{-3m}}{3} + \frac{\tau^{-5m}}{5} \right) \tag{3.11}$$

ここで, $\tau < 1$ ($\tau = T/T_\mathrm{c}$, T_c は磁気転移温度). K は定数, 乗数 n と m は経験的に $n=3$, $m=5$ と与えられている. このときの磁気過剰ギブスエネルギーは,

$$G_\mathrm{m}^\mathrm{Mag} = RT \ln(\beta + 1) g(\tau) \tag{3.12}$$

ここで, $g(\tau)$ は, $\tau < 1$ では,

$$g(\tau) = 1 - \frac{\dfrac{79}{140 f}\tau^{-1} + \dfrac{474}{497}\left(\dfrac{1}{f} - 1\right)\left(\dfrac{\tau^3}{6} + \dfrac{\tau^9}{135} + \dfrac{\tau^{15}}{600}\right)}{\dfrac{518}{1125} + \dfrac{11692}{15975}\left(\dfrac{1}{f} - 1\right)} \tag{3.13}$$

$\tau > 1$ では,

$$g(\tau) = - \frac{\dfrac{\tau^{-5}}{10} + \dfrac{\tau^{-15}}{315} + \dfrac{\tau^{-25}}{1500}}{\dfrac{518}{1125} + \dfrac{11692}{15975}\left(\dfrac{1}{f} - 1\right)} \tag{3.14}$$

で与えられる. ここで, β はボーア磁子で規格化された 1 原子当たりの磁気モーメント, f は磁気転移温度よりも低温域と高温域の磁気過剰エンタルピー比で, 経験的に BCC 結晶では 0.4, そのほかの結晶では 0.28 と与えられている(式(3.10)の定数 f とは異なる). 反強磁性-常磁性転移に対しても同じ式(3.11)が適用されているが, この場合, 反強磁性因子 α^af (antiferromagnetic factor)を用いる. SGTE Unary データベースでは, 反強磁性の BCC 相では -1, それ以外の相(HCP 相, FCC 相, 液相, 化合物相など)では -3 が用いられている. たとえば, ネール温度は反強磁性因子を用いて, $T'_\mathrm{C} = T_\mathrm{N}/\alpha^\mathrm{af}$ の関係がある(この変換された T'_C は, 漸近キュリー温度とも呼ばれる). この

I-H-Jモデルによる磁気変態の取り扱いは，磁気変態が二次の相変態の場合に対してのみ有効である．それ以外の磁気転移に対しては，後節で取りあげる副格子分けを導入するなど，より精密な熱力学モデルの構築が今後必要である．また，式(3.15)のようにかっこ内の級数を第4項まで取り入れた式も提案されている[5]．これはThermo-Calcでのみ実行可能である．

$$C_p^{\text{Ferro}} = 2K^{\text{Ferro}}R\left(\tau^n + \frac{\tau^{3n}}{3} + \frac{\tau^{5n}}{5} + \frac{\tau^{7n}}{7}\right)$$

$$C_p^{\text{Para}} = 2K^{\text{Para}}R\left(\tau^{-m} + \frac{\tau^{-3m}}{3} + \frac{\tau^{-5m}}{5} + \frac{\tau^{-7m}}{7}\right) \quad (3.15)$$

ここで，乗数 n と m は，最適化により $n=3$，$m=7$ と与えられている．また f 値は BCC-Fe に対しては 0.37，FCC-Co，FCC-Ni では 0.25 である．**図 3.3** に示すように，常磁性領域で差が見られるが，転移点近傍では大きな差はない．データベース中での定義方法は第2章で説明している．また，I-H-Jモデルの改良形として，強磁性-常磁性転移と反強磁性-常磁性転移を別々に取り扱う試み[6]もなされているが，このモデルを実行できるソフトウェアパッケージはまだ市販されていない．

合金化した場合には，さらに磁気変態温度と磁気モーメントの組成依存性を考慮しなければならない．キュリー温度(またはネール温度)と磁気モーメントの組成依存性は，たとえばA-B-C三元合金では，次式で表される．

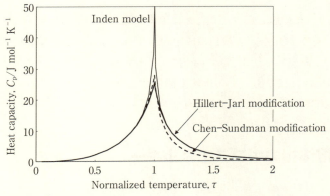

図 3.3 各過剰磁気ギブスエネルギーモデルの温度依存性．

$$T_\mathrm{C} = \sum_i x_i{}^0T_i + \sum_i \sum_{j<i} x_i x_j T_{i,j} + x_i x_j x_k T_{i,j,k}$$

$$\beta = \sum_i x_i{}^0\beta_i + \sum_i \sum_{j<i} x_i x_j \beta_{i,j} + x_i x_j x_k \beta_{i,j,k} \tag{3.16}$$

ここで $^0T_i, {}^0\beta_i, x_i$ は，成分 i のキュリー温度(またはネール温度)，磁気モーメント，モルフラクションである．$T_{i,j}, \beta_{i,j}, T_{i,j,k}, \beta_{i,j,k}$ は実験データを基に決められており，その組成依存性は 3.4 節で取りあげる過剰ギブスエネルギーの組成依存性と同様に，Redlich-Kister (R-K) 級数によって与えられている．

3.3 ガス相のギブスエネルギー

成分 i のみからなるガス相のギブスエネルギーは次式で与えられる．

$$^0G_\mathrm{m}^{\mathrm{Ideal\text{-}Gas\text{-}}i}(T, P) = {}^0G_\mathrm{m}^{\mathrm{Gas\text{-}}i\text{-}\mathrm{Temp}} + RT \ln\left(\frac{P}{P_0}\right) \tag{3.17}$$

ここで，P_0 は標準状態の圧力 $P_0 = 10^5$ Pa である．$^0G_\mathrm{m}^{\mathrm{Gas\text{-}}i\text{-}\mathrm{Temp}}$ は純成分 i のみからなるガス相の標準気圧におけるギブスエネルギーの温度依存性で，式(3.10)と同様の形式で与えられ，定数は比熱の実験データを基にして決められている．

$$^0G_\mathrm{m}^{\mathrm{Gas\text{-}}i\text{-}\mathrm{Temp}} = a + (c-b)T - cT\ln T - \frac{1}{2}dT^2 - \frac{1}{6}eT^3 - \frac{1}{2}fT^{-1}$$
$$\tag{3.18}$$

また，ガス相の場合には，たとえば酸素単元素だけを考えようとしても，ガス相には O, O_2, O_3 などの複数の成分が含まれてくる．この場合のガス相のギブスエネルギーには式(3.17)に加えて，それら成分の混合によるエントロピーを考慮しなければならない．次節で説明するが，このエントロピー項はガス相，溶体相共に同じ形式で与えられている．

3.4 溶体相のギブスエネルギー

次に，二つ以上の元素が混合した場合のギブスエネルギーについて考えてみ

3.4 溶体相のギブスエネルギー

よう．元素 A と元素 B が混合した溶体相 α を考え，全原子数を 1 mol，それぞれの元素のモルフラクションを x_A, x_B とする ($x_A + x_B = 1$)．この A-B 二元系溶体相のギブスエネルギーは，純元素のギブスエネルギー(式(3.1))に A と B を混合したことによって生じたギブスエネルギー変化 G_m^{Mix} を加えて次式で表される．

$$G_m^{\alpha} = x_A\,{}^0G_m^{\alpha\text{-}A} + (1-x_A)\,{}^0G_m^{\alpha\text{-}B} + G_m^{Mix} \tag{3.19}$$

ここで，圧力は $P = 10^5$ Pa 一定としている．混合のエントロピー S は，原子の混合がランダムである場合には，n_A 個の A 原子と n_B 個の原子を N ($= n_A + n_B = 1$ mol) 個の格子点上にランダムに配置するときの場合の数 W を数えることで与えられる．

$$S = k_B \ln(W) = -R \sum_{i=A}^{B} x_i \ln(x_i) \tag{3.20}$$

ここで，k_B はボルツマン定数である．これは完全にランダムな配置を取った場合の配置のエントロピーである．より精密に配置のエントロピーを求めるクラスター変分法による値は，溶体相中の短範囲規則化(Short Range Ordering：SRO)が考慮されていることにより，常にこれよりも小さい値になる．したがって CALPHAD 法(B-W-G 近似)では，配置のエントロピーを過大評価していることになる．後節で取りあげる副格子モデルにおいても，同一副格子上ではランダム混合が仮定されており，この点は同じである．配置のエントロピー以外の混合によるギブスエネルギー変化を G_m^{Excess} とすると，A-B 二元系溶体のモルギブスエネルギーは，次式で与えられる．

$$G_m^{\alpha} = x_A\,{}^0G_m^{\alpha\text{-}A} + (1-x_A)\,{}^0G_m^{\alpha\text{-}B} + RT\sum_{i=A}^{B} x_i \ln(x_i) + G_m^{Excess} \tag{3.21}$$

この右辺第 4 項を過剰ギブスエネルギーと呼び，第 1～第 3 項以外の全ての寄与を含んでいる．原子の分布が完全にランダムである場合，隣り合う二つの格子点に A-B 対を見つける確率は $x_A x_B$ である．したがって，第一近接位置の配位数を z として，過剰ギブスエネルギーは，

$$G_m^{Excess} = x_A x_B z w_{A,B} \tag{3.22}$$

ここで，$w_{A,B}$ は A-B 対相互作用エネルギーであり，添え字のカンマで区切られた A, B は，同じ副格子上の最近接位置にある A 原子と B 原子を意味している．後節で取りあげる副格子を導入した場合には，同じ最近接位置にある原子であっても副格子が異なる場合には A:B のようにコロンで区切ることにする．これで過剰ギブスエネルギーが与えられる溶体を正則溶体と呼ぶ．しかし，実際の溶体の過剰ギブスエネルギーを再現するにはより複雑な濃度依存性の導入が必要であり，次式の Redlich-Kister (R-K) 級数が広く用いられている．

$$G_m^{\text{Excess}} = x_A x_B \sum_{n=0}^{v} L_{A,B}^{(n)} (x_A - x_B)^n \tag{3.23}$$

右辺のかっこ内は，常にアルファベット順である．**図 3.4** は R-K 級数各項の組成依存性を示す（(a) $n=0$ と偶数項，(b) 奇数項）．高次の係数になるに従って，山の高さが低くなり，左右の純元素近傍にその影響が限られることがわかるだろう．偶数項は全組成域で符号が変わらないが，奇数項では 1:1 組成を境に符号が逆転する．また，$n=0$ 項以外は，1:1 組成でゼロになることもこの級数の特徴である．TDB ファイルがうまく再現できなかったときには，この関数の形状を考えながら問題点の修正を行うことになる．後章でも触れるが，この R-K 級数は，磁気転移温度の組成依存性，磁気モーメントの組成依

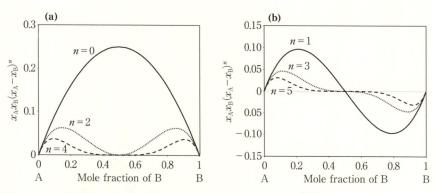

図 3.4 R-K 級数の各項の濃度依存性．パラメーター $L_{A,B}^{(n)}$ は全て 1 としている．(a) $n=0$ と偶数項．(b) 奇数項（1:1 組成の左右で符号が異なる）．$L_{A,B}^{(0)} = <0$ の場合を除いた全てのパラメーターは上に凸の組成域を持つ．また，$n=0$ 項以外は，$x_A = x_B$ においてゼロになるのもこの級数の特徴である．

存性，同一副格子上の混合の記述にも用いられている．したがって，CALPHAD法による熱力学解析を行う場合には，これらの級数各項の形状を覚えておくことが重要である．また，図3.4は$L_{A,B}^{(n)}=1$とした計算結果であるが，負の場合（$L_{A,B}^{(n)}<0$）には上下が反転する．

過剰ギブスエネルギーに，$L^{(0)}$項だけではなくさらに高次項が必要な場合には厳密には準正則溶体と呼ぶべきであるが，広義に正則溶体と呼ばれている．熱力学アセスメントにおいては，式(3.23)の級数項を多く取れば取るほど実験データをよく再現できるが，**表3.1**に示すように，通常は式(3.23)中の$n=0,1,2$の3項が用いられる．4項以上の級数が必要になるのはまれである．

多くの級数項が必要となる例としては，特定の組成域で極端に液相が安定になる場合があげられる．これは液相のSROが強いことに起因している（後章で取りあげるFe-S二元系など）．したがって，SROの効果を陽に取り入れられる熱力学モデルなど，アセスメントに用いる熱力学モデルの再考が必要になるだろう．たとえば，液相中のSROを記述できるモデル（会合溶体モデルや擬化学モデルなど）を検討する必要がある．それ以外に多くの級数項が必要となる例としては，3.5.4節で取りあげるSplit-CEFで不規則相を記述する場合がある．

図3.4からわかるように，$n=0$項が負の場合を除いて，全ての級数項は上に凸の組成域を持つため，溶解度ギャップを生じさせる可能性がある．SROが強い液相をR-K級数を用いて記述しようとすると，$n=0$以外の級数項に絶対値の大きな値を割り当てなければならず，それが高温域での液相の溶解度ギャップの原因の一つとなる．文献[11]にこれを避けるための条件を示しているが，これがR-K級数を強いSROを呈する液相に適用できるかどうかの判断

表3.1 既存のデータベースで集録されている二元系液相におけるR-K項の数と合金系の数．$n=0,1,2$の3項までが用いられている．

級数項の数	1	2	3	4	5	Total
Fe-data 6[7]	27	51	42	4	1	127
COST2[8]	5	14	15	3	1	38
NIST solder DB[9]	1	4	6	0	0	11
PBIN[10]	9	15	12	0	1	37

の目安になるだろう．

相互作用パラメーター $L_{i,j}^{(n)}(T)$ の温度依存性は次式で表される．右辺の第3項以降は過剰比熱に起因する項であるが，通常は溶体相に対してもK-N則が仮定されているため多くの場合，取り入れられていない．

$$L_{i,j}^{(n)}(T) = a + bT + cT \ln T + fT^{-1} + \cdots \tag{3.24}$$

ここで，$a, b, c \cdots$ は定数である．金属間化合物相であれば後で示すように多くの場合，K-N則が成り立っている．しかし，溶体相に対しては，右辺の第2項以降は，SROの寄与を含んでいる．SROの寄与は常にギブスエネルギーを下げる方向に働いており，低温域で負で大きく，高温域ではゼロに漸近する．すなわち，式(3.10)における $1/T$ 項はSROの影響を意味しており，$f=0$ が適当でない場合がある．しかし，ほとんどの熱力学解析では，右辺第3項以降を全て0としており，これは本来はゼロに漸近するはずのSROの寄与を直線で近似していることに相当する(右辺の第2項までで近似する)．この近似の問題点は，その高温外挿における液相の溶解度ギャップとして現れる．**図3.5**は，1：1組成の二元系液相のSROによるギブスエネルギー変化の温度依存性の模式図である．実線は低温で大きく高温でゼロに漸近するSROの寄与を表している．図3.5(a)は液相中のSROが強い場合，図3.5(b)はSROが弱い場合を表している．多くの熱力学アセスメントにおいて用いられている液相に関する実験データは，液相線や固相線またはその近傍の温度域における活量や

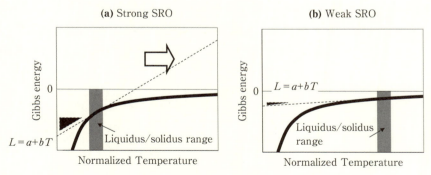

図3.5 SROによる過剰ギブスエネルギーの温度依存性の模式図．（a）SROが強い場合，（b）SROが弱い場合．

混合のエンタルピーであり，図中のグレー部分の温度範囲におけるデータのみ
である．このように狭い温度域であれば，関数 $a+bT$ を用いても，その温度
域では直線で近似できるかもしれないが，液相線近傍で SRO が強い場合には
その高温外挿では大きく正の値を取る場合がある(図3.5(a)の矢印)．これに
より，高温域で液相の溶解度ギャップが生じることになる．一方，SRO の弱
い合金系では，図3.6(b)のように傾きが小さく，直線 $(a+bT)$ が極低温域を
除いた広い温度域で良い近似になっている場合もある．したがって，図3.5
(a)の液相で熱力学アセスメントにより溶解度ギャップが現れる場合には，
$1/T$ 項を取り入れるか，SRO を陽に取り扱うような熱力学モデルの再考が必
要となる．これ以外の取り組みとしては，Kaptay[12]により指数関数で相互作
用を与えるモデルも提案されている．

多元系液相に対しては，二元系の相互作用である式(3.23)を次のように拡張
する．

$$G_\mathrm{m}^{\mathrm{Excess}} = \sum_{i=\mathrm{A}}^{N} \sum_{j>i} x_i x_j \left[\sum_{n=0}^{v} L_{i,j}^{(n)} (x_i - x_j)^n \right] \tag{3.25}$$

この拡張形式を Muggianu 型[13]と呼んでいる．このほかにもいくつかの形
式が提案されているが，Muggianu 型が現在最も広く用いられている．また，
多元化した場合には，二元系の相互作用(式(3.25)の L)に加えて，多元相互作
用を導入する必要がある．たとえば A-B-C 三元系合金の場合には，三元過剰
ギブスエネルギーは次式で与えられる．

$$G_\mathrm{m}^{\mathrm{Excess\text{-}ter}} = x_\mathrm{A} x_\mathrm{B} x_\mathrm{C} [x_\mathrm{A}{}^{(0)}L_{\mathrm{A,B,C}} + x_\mathrm{B}{}^{(1)}L_{\mathrm{A,B,C}} + x_\mathrm{C}{}^{(2)}L_{\mathrm{A,B,C}}] \tag{3.26}$$

ここで，パラメーター $^{(0)}L_{\mathrm{A,B,C}}$, $^{(1)}L_{\mathrm{A,B,C}}$, $^{(2)}L_{\mathrm{A,B,C}}$ の左肩の添え字の意味が
R-K 級数の右肩の添え字と異なっており，式(3.26)では，級数の第1項，第2
項，第3項を表すのではなく，三つの元素をアルファベット順に並べ若いほう
の元素のパラメーターから 0, 1, 2 と番号が付けられている．さらに多元系に
なった場合には，四元系，五元系の相互作用を表す項を取り入れるか検討しな
ければならないが，これまでにその報告例はない．この三元パラメーターの組
成依存性を**図3.6**に示す．パラメーター値はゼロまたは負の値であるが，ど

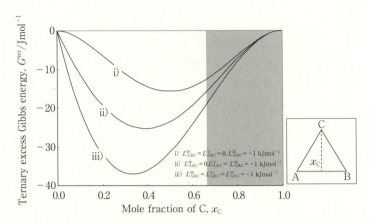

図 3.6 三元パラメーターの濃度依存性．負の値でも上に凸の組成域が現れる．計算に使用したパラメーター値は図中に示す．

の組み合わせにおいても一部の組成域で関数が上に凸の形状を持つことがわかるだろう（ゼロと正の値の場合には全組成域で正の値を持つ）．これは，三元相互作用パラメーターの導入が溶解度ギャップを生じさせる要因となることを示唆しており，熱力学アセスメントにおける三元パラメーターの導入時には，不要な溶解度ギャップの原因とならないよう注意しなければならない．

3.5 副格子モデル[14, 15]

CALPHAD 法において正則溶体モデルと合わせて重要な熱力学モデルが副格子モデルである．副格子分けの必要がない単純な溶体相や液相に対しては式 (3.21) を用いることができるが，結晶中である原子が優先占有サイトを持っている場合には，優先占有サイトが決まっているということをギブスエネルギーの式の中に取り入れなければならない．SRO では原子の周りの狭い領域中の原子配置に着目しているのに対して，化合物のように，結晶中でたとえば A 原子と B 原子の占有位置が決まっており，その配置が長範囲に渡って繰り返される場合は長範囲規則化と呼ぶ．副格子導入の目的の一つは，この長範囲規則化を取り入れることである（このほかにも侵入型固溶体，イオン溶体のため

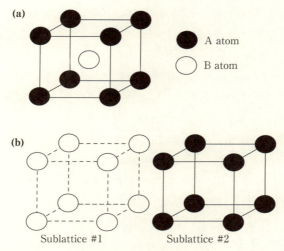

図 3.7 （a）B2 化合物の結晶構造（体心立方格子）と（b）二つの副格子（単純立方格子）．

の副格子もある）．ここでは B2 型規則構造を持つ化合物を例に説明する．この B2 構造においては，結晶中で原子 A が占める位置と原子 B が占める位置を明確に区別できることがわかるだろう．そして，それぞれの原子が占める格子点だけを取り出すと，**図 3.7** のように，二つの単純立方格子に分けることができる．元の結晶格子を分割して得られたこれらの結晶格子を副格子と呼ぶ．副格子モデルでは，これらの副格子を用いてギブスエネルギーを記述する．本節では，この副格子モデルを用いた化合物のギブスエネルギーについて考える．

3.5.1 化学量論化合物のギブスエネルギー

副格子を用いたギブスエネルギー式で最も単純なケースは，二副格子に分けた化学量論化合物の場合である．すなわち，A 原子と B 原子はそれぞれが優先占有サイトを持ち，その副格子上ではお互いに全く混ざり合わない場合である（ある特定の組成比を持った化合物のみが存在し，組成幅を持っていない）．元素 $A(\alpha$ 相$)$ が p モル，元素 $B(\beta$ 相$)$ が q モルから，A_pB_q 化合物が生成され

るとすると，化学量論化合物のモルギブスエネルギーは式(3.27)で与えられる．ここで，左辺のモルギブスエネルギーを与える場合に2種類の与え方がある．全原子数を1 mol ($p+q=1$)とする場合と生成したA_pB_q化合物を1 molとする場合であり，molの定義に注意が必要である．後者の場合には全原子数は$p+q$ molになってしまうため，前者のギブスエネルギーの$(p+q)$倍の値になる．たとえば，A_2Bは原子数1 molで記述すると，$p=0.\dot{6}, q=0.\dot{3}$と循環小数となってしまうため，化合物1 mol ($p=2, q=1$)で記述されることが多い．原子数1 molとする場合には，$p=0.6667, q=0.3333$など小数点以下3-4桁で丸められているが，論文中に分数で定義されている場合，有効数字の桁数によって相平衡が変わる場合がある．溶体相の場合には，原子数1モルであるので，化合物に対しても原子数1 molを用いれば，そのまま生成ギブスエネルギーなどを比較できるなどの利点がある．ここでは断らない限り，1 molは原子数1 molを意味するものとする．A_pB_q化合物のギブスエネルギー$G_m^{A_pB_q}$は次式で与えられる．

$$G_m^{A_pB_q} = p\, ^0G_m^{\alpha\text{-}A} + q\, ^0G_m^{\beta\text{-}B} + \Delta G_m^{A_pB_q} \tag{3.27}$$

ここで，右辺第1項，第2項は，それぞれ元素A(α相)と元素B(β相)のギブスエネルギー，第3項$^0G_m^{A_pB_q}$は元素A(α相)とB(β相)から化合物A_pB_qが生成したときの生成ギブスエネルギーである．化学量論化合物の場合，A, Bの混合がないので，配置のエントロピー項は0になり，式(3.27)の右辺第3項は，式(3.21)と比較すると，過剰ギブスエネルギー項に対応することがわかるだろう($p=x_A, q=x_B$)．このときの右辺第3項は，次式で与えられる．

$$^0G_m^{A_pB_q} = a + bT + cT\ln T + dT^2 + eT^3 + fT^{-1} \tag{3.28}$$

多くの化合物のギブスエネルギーは右辺第1，第2項のみで与えられており，c以降の項が表す過剰比熱(元素と化合物の比熱の差)が考慮されている例は少ない(すなわち式(3.28)の右辺$a+bT$のみを考える．これは主に化合物の比熱の実験データが不十分なためであり，式(3.27)の純元素項からの寄与だけで化合物の比熱を近似することに相当する．これをK-N則と呼んでいる．K-N則に関する詳細は付録A2.1を参照していただきたい．例外はあるが，多くの

金属間化合物に対してはよい近似になっており[16]，化合物相の比熱の測定がされていない場合にはK-N則は有効である．

式(3.28)は，合金組成の関数となっていないことから，状態図上では1本の線となって現れるため，この化合物はラインコンパウンドとも呼ばれている．実際には，組成幅を持って存在する化合物であっても，単相域の幅が極端に狭い化合物，結晶学的データがない（または限られている）化合物，実験データはあるもののその信頼性が低い化合物などの場合には，それらの化合物は化学量論化合物として取り扱われていることが多い．

3.5.2 不定比化合物のギブスエネルギー（二副格子）

3.5.1節では化学量論化合物を例に二副格子モデルによるギブスエネルギーを取りあげた．ここでは，規則-不規則変態するB2化合物を例に，不定比化合物のギブスエネルギーの記述について説明する．まずは，副格子上の元素濃度(Site Fraction)を定義する．ここでは，二つの副格子から成る化合物 $(A, B)_p(A, B)_q$ を考え，左側から順に副格子#1 副格子#2 と呼ぶことにする．$(A, B)_p(A, B)_q$ 化合物の副格子 $\#k(=1,2)$ 上の元素 i のモル数を $n_i^{(k)}$，副格子 $\#k$ 上の全格子点のモル数を $N^{(k)}$ とすると，副格子 $\#k$ 上の元素 $i(=A, B)$ のサイトフラクション $y_i^{(k)}$ は次式で与えられる．

$$y_i^{(k)} = \frac{n_i^{(k)}}{N^{(k)}} \tag{3.29}$$

ここで，化合物を構成する原子数を1モルとする（$N = p + q = 1$ mol）．副格子濃度と平均組成 x_i の関係は，

$$x_i = \frac{\sum_k N^{(k)} y_i^{(k)}}{\sum_k N^{(k)}} \tag{3.30}$$

配置のエントロピーは，構成原子を副格子#1の格子点上にランダムに配置するときの場合の数と副格子#2上にランダムに配置する場合の数を足し合わせとなる．溶体相の場合と同様に式(3.20)を用いて，

$$S_m = -R \sum_k \sum_i N^{(k)} y_i^{(k)} \ln(y_i^{(k)}) \tag{3.31}$$

$(A,B)_{0.5}(A,B)_{0.5}$ 化合物は，二副格子モデルによりギブスエネルギーを表すと，

$$G_m^{B2} = \sum_{i=A}^{B} \sum_{j=A}^{B} y_i^{(1)} y_j^{(2)} \,{}^0G_{i:j}^{B2} + \frac{RT}{2} \sum_{n=1}^{2} \sum_{i=A}^{B} y_i^{(n)} \ln y_i^{(n)}$$
$$+ y_A^{(1)} y_B^{(1)} \sum_{i=A}^{B} y_i^{(2)} L_{A,B:i}^{(0)} + y_A^{(2)} y_B^{(2)} \sum_{i=A}^{B} y_i^{(1)} L_{i:A,B}^{(0)}$$
$$+ y_A^{(1)} y_B^{(1)} y_A^{(2)} y_B^{(2)} L_{A,B:A,B}^{(0)} \tag{3.32}$$

右辺の第1項は，それぞれの副格子を単一の元素が占めた場合のギブスエネルギーで AA, AB, BA, BB の4種類があり，これらをエンドメンバーと呼んでいる．右辺の第3-4項は，同一副格子内の混合に起因するものでランダム混合(B-W-G 近似)である．第5項は両方の副格子に同時に混合を許した場合で，レシプロカルパラメーターと呼ばれている．L の右肩の(0)は R-K 級数の第1項であることを示しており，第2項以降を導入することも可能であるがあまり例はない．B2 相の場合，二つの副格子が同じ結晶格子(単純立方格子)であり，結晶構造の対象性からパラメーター間には次の関係がある．

$${}^0G_{A:B}^{B2} = {}^0G_{B:A}^{B2}$$
$$L_{A,B:A}^{(0)} = L_{A,B:B}^{(0)} = L_{A,B:*}^{(0)}$$
$$L_{A:A,B}^{(0)} = L_{B:A,B}^{(0)} = L_{*:A,B}^{(0)}$$
$$L_{A,B:*}^{(0)} = L_{*:A,B}^{(0)} \tag{3.33}$$

ここで，*はパラメーターがその副格子を占める成分に依存しないことを意味している(第二近接 A-B 対相互作用は*印の副格子の原子種に依存しない)．導出は省略するが，二副格子モデル(A2/B2)において，SRO によるギブスエネルギーの増分 ΔG_m^{SRO} は，レシプロカルパラメーター $L_{A,B:A,B}^{(0)}$ を用いて次の関係がある．

$$L_{A,B:A,B}^{(0)} = -\frac{8 w_{A:B}^2}{RT} \tag{3.34}$$

先述したように，SRO の寄与は $1/T$ に比例することがわかるだろう．この式は温度が分母にあるため低温域では SRO を過大評価してしまう．そのため，

1:1組成の二元系合金の規則-不規則転移温度 $T_\mathrm{C}(=-4w_\mathrm{A:B}/R)$ におけるレシプロカルパラメーターの値で SRO の寄与を代表させた次式が用いられることもある.

$$L_\mathrm{A,B:A,B}^{(0)}=2w_\mathrm{A:B} \tag{3.35}$$

3.5.3　侵入型固溶体のギブスエネルギー[17]

　金属結晶中では，原子半径が比較的小さい H, B, C, N, O などの元素は，侵入型に固溶するとして熱力学解析が行われている場合が多い（B や O などは置換型として解析されている場合がある）. A-B 二元系において，元素 B が元素 A 格子中に侵入型に固溶する場合には，侵入型サイトと置換型サイトの二つの副格子からなる次の副格子構成が用いられる．

$$(\mathrm{A})_p(\mathrm{B},\mathrm{Va})_q \tag{3.36}$$

それぞれ，第一副格子が置換型位置，第二副格子が侵入型位置に対応しており，右下の添え字 p, q は，その副格子上の原子サイトのモル数である．この場合，置換型サイトは A 原子だけが占有でき，添加された B 原子は全て侵入型位置を占める． B 原子で占められていない侵入型サイトは空孔 (Va: Vacancy) になる．ここで，BCC 格子中の侵入型サイトとして八面体位置を考えれば $p:q=1:3$, 四面体位置であれば 1:6 である．また，FCC であればそれぞれ 1:1, 1:2, HCP であれば共に 1:1 となる（CALPHAD 法では 1:0.5 が用いられていることが多い）. 一例として**図 3.8** に BCC 格子と侵入型八面体位置による副格子を示す．式 (3.36) の副格子構成の場合，エンドメンバーは $\mathrm{A}_p\mathrm{B}_q$, A_p の二つである． $\mathrm{A}_p\mathrm{B}_q$ は化合物，A_p は純 A に相当する．式 (3.36) の記述には空孔が含まれているが，平均組成には含まれない．したがって全体組成と副格子濃度の関係は，

$$\begin{aligned}y_\mathrm{B}^{(2)} &= \frac{px_\mathrm{B}}{q(1-x_\mathrm{B})} \\ y_\mathrm{Va}^{(2)} &= 1-\frac{px_\mathrm{B}}{q(1-x_\mathrm{B})}\end{aligned} \tag{3.37}$$

式 (3.37) の副格子構成に対するモルギブスエネルギーは，

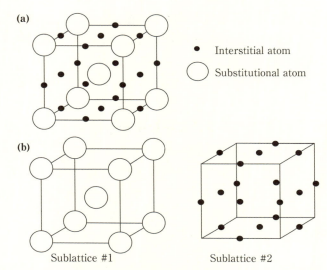

図 3.8 （a）BCC格子と侵入型位置(八面体位置), (b)置換型副格子(Sublattice#1)と侵入型副格子(Sublattice#2).

$$G_m^{p:q} = y_A^{(1)} y_B^{(2)} x_A G_{A:B}^{p:q} + y_A^{(1)} y_{Va}^{(2)} x_A G_{A:Va}^{p:q} + q x_A RT \sum_{j=B,Va} y_j^{(2)} \ln(y_j^{(2)})$$

$$+ x_A y_B^{(2)} y_{Va}^{(2)} \sum_{n=0}^{v} L_{A:B,Va}^{(n)\,p:q} (y_B^{(2)} - y_{Va}^{(2)})^n \quad (3.38)$$

$G_{A:B}^{p:q}$, $G_{A:Va}^{p:q}$ は式(3.36)における二つのエンドメンバー(A_pB_q と A_p)のギブスエネルギーである．原子1モル当たりの侵入型固溶体のモルギブスエネルギーは，置換型固溶体に比べて x_A だけ異なっている．

侵入型固溶体の問題としては，合金系により侵入型副格子のモル数が異なるモデルが用いられているため，それらをそのままでは多元系データベースとして統合できない．この場合，希薄溶体近似を用いたパラメーター変換式が提案[18]されている．付録A2.2を合わせて参照していただきたい．

3.5.4 規則-不規則変態をする化合物のギブスエネルギー

3.5.2節ではB2化合物を例に，二副格子モデルによるギブスエネルギーを取りあげた．このB2化合物は規則-不規則変態することが知られており(この

場合の不規則相は BCC 固溶体で，Strukturbericht 記号で A2 なので，これを A2/B2 変態とも呼ぶ）．ここでは，A2/B2 を例に規則-不規則変態の記述を取りあげる．B2 相（規則相）は，3.5.2 節で取りあげた副格子モデルによりギブスエネルギーが記述される．一方で高温側に現れる A2 相（不規則相）のギブスエネルギーは，3.4 節で取りあげた正則溶体モデルによって記述される．ここで，B2 相のギブスエネルギー式に不規則相の条件（$y_i^{(1)} = y_i^{(2)} = x_i$）を代入することで不規則相のギブスエネルギーを与えられるが，このギブスエネルギーは不規則相のギブスエネルギー式と一致しなければならない（共に同じ不規則相のギブスエネルギーに対応するため）．スプリットコンパウンドエナジーフォーマリズム（Split-CEF : Split Compound Energy Formalism）[19]が導入されるまでは，規則相と不規則相を全く別の相としてギブスエネルギーを決めていたが，現在では，規則-不規則変態をする化合物のギブスエネルギー G_m^{Order} は，不規則相のギブスエネルギーと規則化のギブスエネルギーの二つの項の和として与える手法が用いられるようになっている．Split-CEF では，副格子分けを行ったうえでさらに不規則相のギブスエネルギーと規則化のギブスエネルギーを分けて（Split して）記述する熱力学モデルであり，この場合のギブスエネルギーは，次式で表される．

$$G_m^{\text{Order-split}} = G_m^{\text{Disorder}}(\{x_i\}) + \Delta G_m^{\text{Order}} \tag{3.39}$$

ここで，独立に変化できる成分量 $x_A, x_B, x_C \cdots$ を代表して $\{x_i\}$ と記述している．$G_m^{\text{Disorder}}(\{x_i\})$ は不規則相のギブスエネルギーであり，式(3.21)で与えられる溶体相のギブスエネルギーの記号を置きなおしたものである．$\Delta G_m^{\text{Order}}$ は不規則相が規則化したときの規則化によるギブスエネルギーである．不規則相では $\Delta G_m^{\text{Order}} = 0$ でなければならない．この点を保証するためには，規則相のギブスエネルギー式を用いて規則化した場合と不規則化した場合について計算し，両者の差を規則化のギブスエネルギーと定義すればよい．ここでは独立に変化できる副格子濃度 $y_A^{(k)}, y_B^{(k)}, y_C^{(k)} \cdots$ を代表して $\{y_i^{(k)}\}$ と記述している．

$$\Delta G_m^{\text{Order}} = G_m^{\text{Order}}(\{y_i^{(k)}\}) - G_m^{\text{Order}}(\{y_i^{(k)} = x_i\}) \tag{3.40}$$

この場合，$G_m^{\text{Order}}(\{y_i^{(k)}\})$ は規則相（B2 型化合物に相当する）のギブスエネ

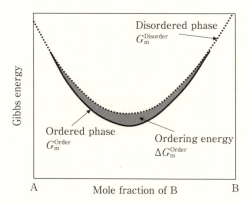

図 3.9 式 (3.39) による規則相と不規則相のギブスエネルギーの濃度依存性の模式図．温度が規則化温度よりも低い場合．

ギー，$G_\mathrm{m}^\mathrm{Order}(\{y_i^{(k)} = x_i\})$ は規則相が不規則化したときのギブスエネルギーで，共に規則相のギブスエネルギー式である式 (3.32) を用いて与えられる．この規則相と不規則相のギブスエネルギーの関係を模式的に**図 3.9** に示す．

3.5.4.1 二副格子

規則–不規則変態をする化合物として，先に取りあげた B2 相を二つの副格子に分けた場合（$(\mathrm{A,B})_{0.5}(\mathrm{A,B})_{0.5}$）を考える．式 (3.39) の利点は，不規則相が準安定相のため実験データがなくても，規則相の実験データだけが既知の場合には，近似的に $G_\mathrm{m}^\mathrm{Disorder}(\{x_i\}) = G_\mathrm{m}^\mathrm{Order}(\{y_i^{(k)} = x_i\})$ により不規則相のギブスエネルギーを与えることができる点である（逆に不規則相から規則相のギブスエネルギーを与えることも可能である）．たとえば，A–B 二元系における A2/B2 変態の場合には，R–K 級数の $n = 0$ までを考えると，B2 規則相のギブスエネルギー $G_\mathrm{m}^\mathrm{Order}(\{y_i^{(k)} = x_i\})$ は，

$$G_\mathrm{m}^\mathrm{Order}(\{y_i^{(k)} = x_i\}) = G_\mathrm{m}^\mathrm{B2} = \sum_{i=\mathrm{A}}^\mathrm{B} \sum_{j=\mathrm{A}}^\mathrm{B} x_i x_j\,{}^0G_{i:j}^\mathrm{B2} + RT \sum_{i=\mathrm{A}}^\mathrm{B} x_i \ln x_i$$
$$+ x_\mathrm{A} x_\mathrm{B} \sum_{i=\mathrm{A}}^\mathrm{B} x_i L_{\mathrm{A,B}:i}^{(0)} + x_\mathrm{A} x_\mathrm{B} \sum_{i=\mathrm{A}}^\mathrm{B} x_i L_{i:\mathrm{A,B}}^{(0)} + x_\mathrm{A}^2 x_\mathrm{B}^2 L_{\mathrm{A,B}:\mathrm{A,B}}^{(0)}$$

(3.41)

ここで，二つの副格子が同じ結晶格子(単純立方格子)であり，第一近接相互作用と第二近接相互作用が独立とすると，

$$
\begin{aligned}
&{}^0G_{\text{A:B}}^{\text{B2}} = {}^0G_{\text{B:A}}^{\text{B2}} \\
&L_{\text{A,B:A}}^{(0)} = L_{\text{A,B:B}}^{(0)} = L_{\text{A,B:*}}^{(0)} \\
&L_{\text{A:A,B}}^{(0)} = L_{\text{B:A,B}}^{(0)} = L_{*:\text{A,B}}^{(0)} \\
&L_{\text{A,B:*}}^{(0)} = L_{*:\text{A,B}}^{(0)}
\end{aligned}
\tag{3.42}
$$

ここで，*はパラメーターがその副格子を占める成分に依存しないことを意味している(第二近接 A-B 対相互作用は*印の副格子の原子種に依存しない). したがって，式(3.41)は，

$$
\begin{aligned}
G_{\text{m}}^{\text{Order}}(\{y_i^{(k)} = x_i\}) = {}&x_{\text{A}}^{2}\,{}^0G_{\text{A:A}}^{\text{B2}} + x_{\text{B}}^{2}\,{}^0G_{\text{B:B}}^{\text{B2}} + 2x_{\text{A}}x_{\text{B}}\,{}^0G_{\text{A:B}}^{\text{B2}} \\
&+ RT(x_{\text{A}} \ln x_{\text{A}} + x_{\text{B}} \ln x_{\text{B}}) \\
&+ 2x_{\text{A}}x_{\text{B}}L_{\text{A,B:*}}^{(0)} + x_{\text{A}}^{2}x_{\text{B}}^{2}L_{\text{A,B:A,B}}^{(0)}
\end{aligned}
\tag{3.43}
$$

これが A2 相(不規則相)のギブスエネルギーと等しくなればよい. R-K 級数で組成の 4 乗項が現れる $n=2$ まで考えれば，

$$
\begin{aligned}
G_{\text{m}}^{\text{Disorder}} = {}&x_{\text{A}}\,{}^0G_{\text{m}}^{\text{A2-A}} + x_{\text{B}}\,{}^0G_{\text{m}}^{\text{A2-B}} + RT(x_{\text{A}} \ln x_{\text{A}} + x_{\text{B}} \ln x_{\text{B}}) \\
&+ x_{\text{A}}x_{\text{B}}[L_{\text{A,B}}^{(0)} + L_{\text{A,B}}^{(1)}(x_{\text{A}} - x_{\text{B}}) + L_{\text{A,B}}^{(2)}(x_{\text{A}} - x_{\text{B}})^2] \\
= {}&G_{\text{m}}^{\text{Order}}(\{y_i^{(k)} = x_i\})
\end{aligned}
\tag{3.44}
$$

式(3.43)，(3.44)から，B2 相のパラメーターと A2 固溶体相の R-K 級数項との関係は以下のように導くことができる.

$$
\begin{aligned}
&L_{\text{A,B}}^{(0)} = 2\,{}^0G_{\text{m}}^{\text{A}_{0.5}\text{B}_{0.5}} + 2L_{\text{A,B:*}}^{(0)} + \frac{1}{4}L_{\text{A,B:A,B}}^{(0)} \\
&L_{\text{A,B}}^{(1)} = 0 \\
&L_{\text{A,B}}^{(2)} = -\frac{1}{4}L_{\text{A,B:A,B}}^{(0)}
\end{aligned}
\tag{3.45}
$$

これらの関係式を用いることで，もし規則相か不規則相の一方の相だけが平衡状態図に表れる場合でも，規則相のパラメーターから不規則相のパラメーターを類推する(または逆)ことが可能である.

3.5.4.2 四副格子

ここでは FCC と BCC における四副格子モデルについて取りあげる．FCC 構造に対しては，$L1_2$-AB_3，$L1_0$-AB，$L1_2$-A_3B，$A1$-(A,B) の四つの相を一つのギブスエネルギー関数で表すことができる（**図3.10** に FCC 相に対する副格子分けを示す）．

図 3.10（b）に示したそれぞれの副格子は，同じ格子定数を持つ単純立方格子となる．規則相（$L1_0$，$L1_2$ 相）のギブスエネルギー $G_{\mathrm{m}}^{\mathrm{Order}}$ は，B2 相と同様に，不規則相のギブスエネルギー（この場合は FCC 固溶体）$G_{\mathrm{m}}^{\mathrm{Disorder}}(\{x_i\})$ と，規則化のギブスエネルギー $\Delta G_{\mathrm{m}}^{\mathrm{Order}}$ の和で与えられる（$G_{\mathrm{m}}^{\mathrm{Order-split}} = G_{\mathrm{m}}^{\mathrm{Disorder}}(\{x_i\}) + \Delta G_{\mathrm{m}}^{\mathrm{Order}}$）．前節の A2/B2 の取り扱いとの違いは，この場合の $G_{\mathrm{m}}^{\mathrm{Order}}(\{y_i^{(k)}\})$ は，二副格子ではなく，四副格子で記述される点である．A–B 二元系に対しては，

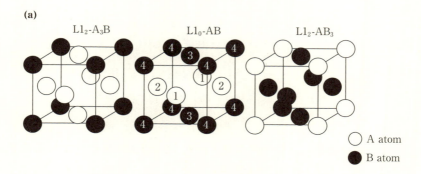

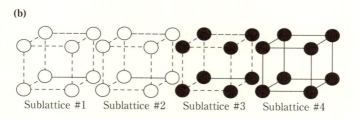

図3.10 （a）$L1_2$-A_3B，$L1_0$-AB，$L1_2$-AB_3 化合物の結晶構造．$L1_0$-AB の各原子に付けられている番号は（b）の副格子に対応している．

$$\begin{aligned}
G_\mathrm{m}^\mathrm{Order} =& \sum_{i=\mathrm{A}}^{\mathrm{B}} \sum_{j=\mathrm{A}}^{\mathrm{B}} \sum_{k=\mathrm{A}}^{\mathrm{B}} \sum_{l=\mathrm{A}}^{\mathrm{B}} y_i^{(1)} y_j^{(2)} y_k^{(3)} y_l^{(4)} {}^0 G_{i:j:k:l} \\
&+ RT \sum_{v=1}^{4} \sum_{i=\mathrm{A}}^{\mathrm{B}} N^{(v)} y_i^{(v)} \ln y_i^{(v)} \\
&+ \sum_{i=\mathrm{A}}^{\mathrm{B}} \sum_{j>i} y_i^{(1)} y_j^{(1)} \left(\sum_{k,l,m} y_k^{(2)} y_l^{(3)} y_m^{(4)} L_{i,j:k:l:m}^{(0)} \right) \\
&+ \sum_{i=\mathrm{A}}^{\mathrm{B}} \sum_{j>i} y_i^{(2)} y_j^{(2)} \left(\sum_{k,l,m} y_k^{(1)} y_l^{(3)} y_m^{(4)} L_{k:i,j:l:m}^{(0)} \right) \\
&+ \sum_{i=\mathrm{A}}^{\mathrm{B}} \sum_{j>i} y_i^{(3)} y_j^{(3)} \left(\sum_{k,l,m} y_k^{(1)} y_l^{(2)} y_m^{(4)} L_{k:l:i,j:m}^{(0)} \right) \\
&+ \sum_{i=\mathrm{A}}^{\mathrm{B}} \sum_{j>i} y_i^{(4)} y_j^{(4)} \left(\sum_{k,l,m} y_k^{(1)} y_l^{(2)} y_m^{(3)} L_{k:l:m:i,j}^{(0)} \right) \\
&+ \sum_{i=\mathrm{A}}^{\mathrm{B}} \sum_{j>i} \sum_{k=\mathrm{A}}^{\mathrm{B}} \sum_{l>k} y_i^{(1)} y_j^{(1)} y_k^{(2)} y_l^{(2)} \left(\sum_{p,q} y_p^{(3)} y_q^{(4)} L_{i,j:k,l:p:q}^{(0)} \right) + \cdots \\
&+ \sum_{i=\mathrm{A}}^{\mathrm{B}} \sum_{j>i} \sum_{k=\mathrm{A}}^{\mathrm{B}} \sum_{l>k} \sum_{p=\mathrm{A}}^{\mathrm{B}} \sum_{q>p} y_i^{(1)} y_j^{(1)} y_k^{(2)} y_l^{(2)} y_p^{(3)} y_q^{(3)} \\
& \left(\sum_{r} y_r^{(4)} L_{i,j:k,l:p,q:r}^{(0)} \right) + \cdots \\
&+ \sum_{i=\mathrm{A}}^{\mathrm{B}} \sum_{j>i} \sum_{k=\mathrm{A}}^{\mathrm{B}} \sum_{l>k} \sum_{p=\mathrm{A}}^{\mathrm{B}} \sum_{q>p} \sum_{r=\mathrm{A}}^{\mathrm{B}} \sum_{s>r} \\
& y_i^{(1)} y_j^{(1)} y_k^{(2)} y_l^{(2)} y_p^{(3)} y_q^{(3)} y_r^{(4)} y_s^{(4)} L_{i,j:k,l:p,q:r,s}^{(0)}
\end{aligned} \quad (3.46)$$

ここで, 右辺第3項以降はR-K級数の$n=0$項のみを示しているが, 高次項が用いられている場合は少ない. また, 右辺の第7項のLはレシプロカルパラメーターと呼ばれ, SROの寄与を含んでいる. 第8項, 第9項以降の項は, したがってSROよりも小さなギブスエネルギーへの寄与になるが, 熱力学アセスメントにおいて, これまでにこれらの項が用いられた例はない. ここでは, 式(3.46)を次のように単純化して四副格子モデルにおける規則-不規則変態を考えることにする. 式(3.46)の右辺第8項以降は無視し, レシプロカルパ

ラメーターには副格子(*)を占める原子種に依存しないと仮定する．すなわち，

$$L^{(0)}_{A,B:A,B:*:*} = L^{(0)}_{A,B:A,B:A:A} = L^{(0)}_{A,B:A,B:A:B} = L^{(0)}_{A,B:A,B:B:A} = L^{(0)}_{A,B:A,B:B:B} \tag{3.47}$$

式(3.47)を用いると，式(3.46)は，

$$\begin{aligned}G^{\text{Order}}_{\text{m}} =& \sum_{i=A}^{B}\sum_{j=A}^{B}\sum_{k=A}^{B}\sum_{l=A}^{B} y^{(1)}_i y^{(2)}_j y^{(3)}_k y^{(4)}_l \, {}^0G_{i:j:k:l} \\ &+ RT\sum_{v=1}^{4}\sum_{i=A}^{B} N^{(v)} y^{(v)}_i \ln y^{(v)}_i \\ &+ y^{(1)}_A y^{(1)}_B y^{(2)}_A y^{(2)}_B L^{(0)}_{A,B:A,B:*:*} + y^{(1)}_A y^{(1)}_B y^{(3)}_A y^{(3)}_B L^{(0)}_{A,B:*:A,B:*} \\ &+ y^{(1)}_A y^{(1)}_B y^{(4)}_A y^{(4)}_B L^{(0)}_{A,B:*:*:A,B} \\ &+ y^{(2)}_A y^{(2)}_B y^{(3)}_A y^{(3)}_B L^{(0)}_{*:A,B:A,B:*} + y^{(2)}_A y^{(2)}_B y^{(4)}_A y^{(4)}_B L^{(0)}_{*:A,B:*:A,B} \\ &+ y^{(3)}_A y^{(3)}_B y^{(4)}_A y^{(4)}_B L^{(0)}_{*:*:A,B:A,B}\end{aligned} \tag{3.48}$$

となる．レシプロカルパラメーターに式(3.47)の関係が用いられている場合が多いが，$L^{(0)}_{i,j:k,l:*:*}$ 項の濃度依存性を決めるだけの十分な実験データが揃っている合金系に対しては，その濃度依存性を考慮して決定されている場合もある（例えば Au-Cu[20]や Ni-Pt[21]二元系状態図など）．

化合物のギブスエネルギー ${}^0G_{A:B:B:B}$ は，副格子 #1 は元素 A，その他の三つの副格子は元素 B のみで占められている構造を表しており，$AB_3(L1_2)$ に対応する．同様に ${}^0G_{A:A:B:B}$ は $AB(L1_0)$，${}^0G_{A:A:A:B}$ は $A_3B(L1_2)$ となる．式(3.39)は，A2/B2 変態の場合と同様に，FCC 固溶体(不規則相)のギブスエネルギーも含んでいることから，一つのギブスエネルギー関数で四つの相のギブスエネルギーを表すことができることになる．二元系では，エンドメンバーの数は 16 種類になるが，それぞれの副格子は同じ単純立方格子であるため，それぞれを入れ替えても同じ化合物に対応していなければならない．すなわち，次式の関係が成り立つ．

$$\begin{aligned}{}^0G_{A:A:A:B} &= {}^0G_{A:A:B:A} = {}^0G_{A:B:A:A} = {}^0G_{B:A:A:A} \\ {}^0G_{A:B:B:B} &= {}^0G_{B:A:B:B} = {}^0G_{B:B:A:B} = {}^0G_{B:B:B:A} \\ {}^0G_{A:A:B:B} &= {}^0G_{A:B:A:B} = {}^0G_{A:B:B:A} = {}^0G_{B:A:A:B} = {}^0G_{B:A:B:A} = {}^0G_{B:B:A:A}\end{aligned} \tag{3.49}$$

残りの二つのエンドメンバー $^0G_{\text{A:A:A:A}}$, $^0G_{\text{B:B:B:B}}$ は元素 A, B に対応している. 同様にレシプロカルパラメーターに対しては,

$$L^{(0)}_{\text{A,B:A,B:*:*}} = L^{(0)}_{\text{A,B:*:A,B:*}} = L^{(0)}_{\text{A,B:*:*:A,B}} = L^{(0)}_{\text{*:A,B:A,B:*}} = L^{(0)}_{\text{*:A,B:*:A,B}}$$
$$= L^{(0)}_{\text{*:*:A,B:A,B}} \tag{3.50}$$

この場合,式(3.48)の各パラメーターと R-K 級数項との関係は,3.5.4.1 節で行った A2/B2 における取り扱いと同様に,$G_{\text{m}}^{\text{Disorder}}(\{x_i\}) = G_{\text{m}}^{\text{Order}}(\{y_i^{(n)} = x_i\})$ を用いて(ここで Disorder は A1 相,Order は L1$_0$ または L1$_2$ 相である),次式で与えられる.

$$\begin{pmatrix} L^{(0)}_{\text{A,B}} \\ L^{(1)}_{\text{A,B}} \\ L^{(2)}_{\text{A,B}} \end{pmatrix} = \begin{pmatrix} 1 & 3/2 & 1 & 3/2 \\ 2 & 0 & -2 & 0 \\ 1 & -3/2 & 1 & -3/2 \end{pmatrix} \begin{pmatrix} ^0G_{\text{A:A:A:B}} \\ ^0G_{\text{A:A:B:B}} \\ ^0G_{\text{A:B:B:B}} \\ L^{(0)}_{\text{A,B:A,B:*:*}} \end{pmatrix} \tag{3.51}$$

BCC 基の化合物に対しても四副格子モデルを用いることができ,この場合には D0$_3$-AB$_3$, B2-AB, B32-AB, D0$_3$-A$_3$B, A2-(A, B) の五つの相(**図 3.11** 参照)を一つのギブスエネルギー関数で記述することができる.ここで用いるギブスエネルギー式は FCC 格子と同じである.しかし FCC 格子と結晶の対称性が異なることから,パラメーター間の関係は以下のようになる.

$$G_{\text{A:A:A:B}} = G_{\text{A:A:B:A}} = G_{\text{A:B:A:A}} = G_{\text{B:A:A:A}}$$
$$G_{\text{A:B:B:B}} = G_{\text{B:A:B:B}} = G_{\text{B:B:A:B}} = G_{\text{B:B:B:A}}$$
$$G_{\text{A:A:B:B}} = G_{\text{B:B:A:A}}$$
$$G_{\text{A:B:A:B}} = G_{\text{A:B:B:A}} = G_{\text{B:A:A:B}} = G_{\text{B:A:B:A}}$$
$$L^{(0)}_{\text{A,B:*:*:*}} = L^{(0)}_{\text{*:A,B:*:*}} = L^{(0)}_{\text{*:*:A,B:*}} = L^{(0)}_{\text{*:*:*:A,B}}$$
$$L^{(0)}_{\text{A,B:*:A,B:*}} = L^{(0)}_{\text{A,B:*:*:A,B}} = L^{(0)}_{\text{*:A,B:*:A,B}} = L^{(0)}_{\text{*:A,B:A,B:*}}$$
$$L^{(0)}_{\text{A,B:A,B:*:*}} = L^{(0)}_{\text{*:*:A,B:A,B}} \tag{3.52}$$

最後に,ここでは詳細は紹介しないが,レシプロカルパラメーターによって SRO の影響を記述することができる.FCC に対しては文献[22],BCC に対しては文献[23]を参考にしてほしい.

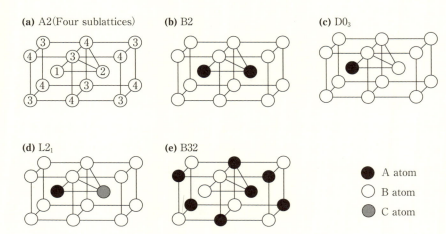

図 3.11 BCC 基の規則構造と 4 副格子．（a）4 副格子への分け方(番号はそれぞれの副格子を表す)．fcc 相と異なり副格子 1-2，3-4 間が第二近接になる，（b）B2 構造(副格子 #1，#2 が元素 A，副格子 #3，#4 が元素 B)，（c）D0$_3$ 構造(副格子 #1 が A，そのほかは B)，（d）三元化合物である L2$_1$ 相(ホイスラー相，副格子 #1 は A，副格子 #2 は C，副格子 #3，#4 は B が占める)，（e）B32 構造，Al-Li 二元系などで現れる．

3.6 液相の熱力学モデル

通常，液相の過剰ギブスエネルギーは R-K 級数で与えられるが，液相中の短範囲規則化傾向が大きい合金系に対しては，その効果を陽に取り入れた熱力学モデルが提案されている．液相中の混合がランダムで，過剰ギブスエネルギーが $L_{A,B}^{(0)}$ のみで表される正則溶体は実際には少なく，多くの場合で過剰ギブスエネルギーはより複雑な組成・温度依存性を持っている．

液相の熱力学モデルとして，ここでは，代表的な二つのモデルを取りあげているが，このほかにも，高分子液相に用いられる Flory-Huggins モデル(Thermo-Calc で実行可能)，擬化学モデル(FactSage，CaTCalc)がある．また，腐食反応などの推定に有効な，固相-水溶液間の相平衡(Pourbaix 図)の計算は Thermo-Calc，FactSage，CaTCalc で行うことができる．これらのモデルについては，各ソフトウェアのマニュアルを参考にしてほしい．

3.6.1 会合溶体モデル[24]

図3.12(a)に示したFe-S二元系のようにFeS化合物が現れる組成域で液相の混合のエンタルピーが急峻な変化する場合(図3.12(b))には，それをR-K級数で表現するために多くの級数項が必要となる．このような正則溶体からのずれの主因は，液相中のSROであると考えられる．SROの影響が大きくなければR-K級数を用いても液相の混合のギブスエネルギーの組成依存性を表現することは可能であるが，このFe-S二元系のように寄与が大きい場合には，その効果を陽に取り入れた熱力学モデルが必要となる．ここでは，そのような熱力学モデルとして会合溶体モデル(associate solution model または association model と呼ばれている)を取りあげる．この熱力学モデルは，擬化学モデルのような対確率を考慮する必要がないため，取り扱いが容易で種々の熱力学計算ソフトウェアに取り入れられている．

まず，A-B二元系合金液相を考え，液相中でA-B間に強い引力型相互作用があると仮定する．この場合，強い引力型相互作用のためそれぞれの原子の近くに別種の原子が見つかる確率が高くなっているはずである．会合体の例としては，たとえば，酢酸水溶液中の酢酸分子はある配置(水素結合ができる配置)で隣り合うことで大きく安定化する(この場合は同種成分間の引力型相互作

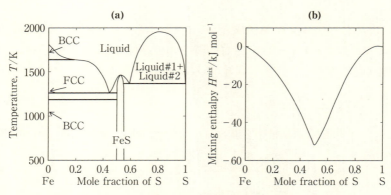

図3.12 (a)Fe-S二元系状態図と(b)液相の混合のエンタルピー．1:1組成(FeS)で鋭いピークをもつ．

用).これを会合体(associate)と呼んでいる.同様に A-B 二元系合金液相に対しても,A-B 間に強い引力型の相互作用があれば,液相中に i 個の A 原子,j 個の B 原子からなる A_iB_j という会合体の存在を仮定できるだろう.この場合の会合体とは,仮想的な A_iB_j 分子のようなものである.すなわち,次の反応が生じていると仮定する.

$$iA + jB \Leftrightarrow A_iB_j \tag{3.53}$$

n_A モルの A 原子と n_B モルの B 原子を混合したときに,式(3.53)の反応により n'_C モルの会合体 C が形成されるとする.ここで,全体の原子数 n は $n = n_A + n_B = 1\,\mathrm{mol}$ とする.n'_C モルの会合体が形成されることにより,溶体中の原子 A と B の数は減少し,それぞれ n'_A, n'_B になり,溶体中の成分 A,B,C の全モル数 n' は次式で与えられる.

$$\begin{aligned}
n'_A &= n_A - in'_C \\
n'_B &= n_B - jn'_C \\
n' &= n'_A + n'_B + n'_C
\end{aligned} \tag{3.54}$$

この会合溶液のギブスエネルギーは,

$$G_m^{\mathrm{Liq}} = \sum_i n'_i\,{}^0G_m^{\mathrm{Liq}\text{-}i} + RT\sum_i n'_i \ln\frac{n'_i}{n'} + G_m^{\mathrm{Excess}} \tag{3.55}$$

ここで,${}^0G_m^{\mathrm{Liq}\text{-}i}\,(i=A,B)$ は純成分 i のギブスエネルギー,${}^0G_m^{\mathrm{Liq}\text{-}C}$ は会合体 C の生成ギブスエネルギーである.右辺第3項の過剰ギブスエネルギーは,次式で与えられる.

$$G_m^{\mathrm{Excess}} = \frac{1}{n'}\sum_i \sum_{j>i} n'_i n'_j L_{i,j}^{(0)} \tag{3.56}$$

また,会合体濃度は(副格子を導入した場合と同様に) $\partial G_m^{\mathrm{Liq}}/\partial n'_C = 0$ により与えられる.

3.6.2 二副格子イオン溶体モデル[25]

本来,液相中に格子は存在しないが,このモデルでは仮想的にアニオンサイトとカチオンサイトの二つの副格子を定義する.この副格子分けによって,混合のエントロピーは大きく影響を受けるが,このモデルによってイオン溶体が良く記述できることが経験的に知られている[26].また,中性成分(B_k^0)と空孔(Va)を取り入れることで,イオン溶体だけではなく,非イオン溶体(たとえばCr-Fe 液相など)を含めた記述が可能である.このときの副格子の一般的な記述は,

$$(C_i^{v_i+}\cdots)_P (A_j^{v_j-}\cdots, \text{Va}, B_k^0\cdots)_Q \tag{3.57}$$

第一副格子がカチオン($C_i^{v_i+}$)サイト,第二副格子がアニオン($A_j^{v_j-}$)サイトである.空孔 Va と中性成分 B はアニオンサイトにのみ導入される.P と Q はそれぞれの副格子のモル数であり,電気的中性条件を満足するように決められる.すなわち

$$P = \sum_j v_j\, y_{A_j^{v_j-}} + Q\, y_{\text{Va}}$$

$$Q = \sum_i v_i\, y_{C_i^{v_i+}} \tag{3.58}$$

ここで,v はイオンの価数,y_i は副格子上の成分 i の割合(サイトフラクション)である.また,モルフラクション x_i とサイトフラクション y_i の関係は,

$$x_{C_i^{v_i+}} = \frac{P y_{C_i^{v_i+}}}{P + Q(1 - y_{\text{Va}})}$$

$$x_{A_j^{v_j-}} = \frac{P y_{A_j^{v_j-}}}{P + Q(1 - y_{\text{Va}})} \tag{3.59}$$

これらの式から,P,Q,空孔濃度(y_{Va})が求められることになる.侵入型固溶体と同様に,空孔はモルフラクションには含まれない.このときの二副格子イオン溶体のギブスエネルギーは,

$$\begin{aligned}
G_{\mathrm{m}} = & \sum_i \sum_j y_{C_i} y_{A_j} {}^0G_{C_i:A_j} + Qy_{\mathrm{Va}} \sum_i y_{C_i} {}^0G_{C_i:\mathrm{Va}} + Q \sum_i y_{B_k^0} {}^0G_{B_k^0} \\
& + RT \left[P \sum_i y_{C_i} \ln y_{C_i} + Q \left(\sum_j y_{A_j} \ln y_{A_j} + y_{\mathrm{Va}} \ln y_{\mathrm{Va}} + \sum_k y_{B_k^0} \ln y_{B_k^0} \right) \right] \\
& + \sum_{i_1} \sum_{i_2} \sum_j y_{C_{i_1}} y_{C_{i_2}} y_{A_j} L_{C_{i_1}, C_{i_2}:A_j} + \sum_{i_1} \sum_{i_2} y_{C_{i_1}} y_{C_{i_2}} y_{\mathrm{Va}} L_{C_{i_1}, C_{i_2}:\mathrm{Va}} \\
& + \sum_i \sum_{j_1} \sum_{j_2} y_{C_i} y_{A_{j_1}} y_{A_{j_2}} L_{C_i:A_{j_1}, A_{j_2}} + \sum_i \sum_j y_{C_i} y_{A_j} y_{\mathrm{Va}} L_{C_i:A_j, \mathrm{Va}} \\
& + \sum_i \sum_j \sum_k y_{C_i} y_{A_j} y_{B_k^0} L_{C_i:A_j, B_k^0} + \sum_i \sum_k y_{C_i} y_{\mathrm{Va}} y_{B_k^0} L_{C_i:\mathrm{Va}, B_k^0} \\
& + \sum_{k_1} \sum_{k_2} y_{B_{k_1}^0} y_{B_{k_2}^0} L_{B_{k_1}^0, B_{k_2}^0} \tag{3.60}
\end{aligned}$$

右辺第1〜3項は,副格子モデルにおけるエンドメンバーによる寄与に相当し,第4項は混合のエントロピーである.第5項以降は過剰ギブスエネルギーであり,通常の副格子モデルとは異なり,電気的中性条件を満足するように副格子のモル数 P, Q が組成によって変化するためと,電気的中性を保つための空孔の導入によって,成分間の相互作用の考え方が複雑になっている.式(3.57)の副格子構成の場合,次の8種類の相互作用が必要になる.

- $L_{C_{i_1}, C_{i_2}:A_j}$:共通のアニオンを持つ二つのカチオン間の相互作用.
- $L_{C_{i_1}, C_{i_2}:\mathrm{Va}}$:二つの金属元素間の相互作用である.アニオンサイトの空孔はチャージのみを持っているため,カチオンのチャージを打ち消して中性(金属)になっている.これは通常の金属液相における R-K 級数に相当するが,上式の右辺第6項のように空孔のサイトフラクションを考慮する必要がある.これは多元化したときに P と Q が組成によって変化することの補正である(侵入型固溶体と同様に空孔はモルフラクションには含まれないため).
- $L_{C_{i_1}, C_{i_2}:B_k^0}$:アニオンサイトが全て中性成分で占められた場合のカチオン間の相互作用であるが,中性条件よりカチオンサイトはゼロになるためこのパラメーターは定義できない.
- $L_{C_i:A_{j_1}, A_{j_2}}$:同じカチオンを持つ二つのアニオン間の相互作用.
- $L_{C_i:A_j, \mathrm{Va}}$:金属成分とアニオン間の相互作用.

- $L_{C_i:A_j,B_k^0}$:アニオンと中性成分間の相互作用.
- $L_{C_i:\text{Va},B_k^0}$:金属成分と中性成分間の相互作用.
- $L_{B_{k_1}^0,B_{k_2}^0}$:二つの中性成分間の相互作用.中性条件よりカチオンサイトはゼロになる.

これら相互作用に加え,この場合以下の三つのエンドメンバーを考慮する必要がある.

- ${}^0G_{C_i:A_j}$:イオン液相のギブスエネルギー.
- ${}^0G_{C_i:\text{Va}}$:金属成分のギブスエネルギー.
- ${}^0G_{B_k^0}$:中性成分のギブスエネルギー.中性条件によりカチオンサイトはゼロになる.

第3章 参考文献

[1] F. D. Murnaghan, Proc. Natl. Acad. Sci., **30** (1944), 244-247.
[2] SGTE unary database version 5.0, http://www.sgte.org/
[3] L. Kaufman and H. Bernstein, Computer calculation of phase diagrams, Academic press (1970).
[4] G. Inden, Physica, **103B** (1981), 82-100.
[5] Q. Chen and B. Sundman, J. Phase Equilibria, **22** (2001), 631-644.
[6] W. Xiong, P. Hedström, M. Selleby, J. Odqvist, M. Thuvander and Q. Chen, CALPHAD, **35** (2011), 355-366.
[7] Thermotech : http://www.thermotech.co.uk/databases.html
[8] I. Ansara, A. T. Dinsdale and M. H. Rand : COST507 : Thermochemicaldatabase for light metals alloys, European Communities, Luxembourg (1998).
[9] NIST Solder database : http:// www.metallurgy.nist.gov/phase/solder/solder.html
[10] Thermo-Calc : Thermo-Calc software AB, http://www.thermocalc.se/
[11] T. Abe, K. Ogawa and K. Hashimoto, CALPHAD, **38** (2012), 161-167.
[12] G. Kaptay, CALPHAD, **28** (2004), 115-124.
[13] Y.-M. Muggianu, M. Gambino and J.-P. Bros, J. Chim. Phys., **72** (1975), 83-88.
[14] M. Hillert and L. I. Staffanson, Acta Chem. Scand., **24** (1970), 3618-3626.
[15] J.-O. Andersson and B. Sundman, CALPHAD, **11** (1987), 83-92.
[16] G. Grimvall, Thermophysical properties of materials, Elsevier (1998).
[17] 西沢泰二, ミクロ組織の熱力学, 日本金属学会 (2005).
[18] 阿部太一, 橋本清, 日本金属学会誌, **78** (2014), 274-279.
[19] M. Hillert, J. Alloy Compd., **320** (2001), 161-176.
[20] B. Sundman, S. G. Fries and W. A. Oats, CALPHAD, **22** (1998), 335-354.
[21] X.-G. Lu, B. Sundman and J. Agren, CALPHAD, **33** (2009), 450-456.
[22] T. Abe and B. Sundman, CALPHAD, **27** (2003), 403-408.
[23] T. Abe and M. Shimono, CALPHAD, **45** (2014), 40-48.
[24] B. Predel, M. Hock and M. Pool, Phase diagrams and heterogeneous equilibria, Springer (2004).
[25] B. Sundman, CALPHAD, **15** (1991), 109-119.
[26] H. L. Lukas, S. G. Fries and B. Sundman, Computational Thermodynamics, Cambridge Univ. Press (2007).

4

OpenCALPHADによる熱力学計算

2013年3月頃から熱力学計算ソフトウェア OpenCALPHAD (OC)[1]が無償で公開されている．まだまだ機能は限られているが，精力的にソフトウェアの開発が進められている．そして熱力学計算ソフトウェアには，熱力学データベースが必要になるが，この無償の OC と第2章で説明した TDB ファイルを用いれば熱力学計算が可能となる．したがって，これから状態図を勉強してみたい，熱力学計算を始めてみたいという方々には，OC が良い入り口になるだろう．ここでは現時点での最新バージョンの OC Ver. 2.0 について説明する．

OC で用いるコマンドや関数は Thermo-Calc Classic を使ったことがあれば比較的覚えやすい表記になっているが，熱力学計算が初めてのユーザーにとっては大変だろう．本章はそういったユーザーにも同ソフトウェアを積極的に使い始めてもらうことを目的としている．また，OC のテキストとしては，開発者による講演ファイルが OC ウェブサイト[1]からダウンロードできる．日本語版のマニュアルは，筆者らによるテキスト[2]がウェブサイト (NIMS 熱力学データベース) からダウンロードできる．これらも合わせて参考にしてほしい．現段階では，OC はまだまだ開発途上のソフトウェアであり，今後多くの修正や機能が追加されるはずである．したがって，ここではごく簡単な使用説明にとどめている．詳細は上記サイトのテキストを参照してほしい．

4.1　ソフトウェア概要

OC とはオープンソースの熱力学計算ソフトウェアで，ウェブサイトから無償でダウンロードできる．ソフトウェアの開発は Sundman らにより行われている．OC の利点は，無償でダウンロードができる点とソースコードが公開されているので，自分の熱力学モデルを OC に組み込んだり，その逆に OC のサブルーチンを自作プログラムへ取り込むことができる点である．**表 4.1** にこ

表 4.1 OpenCALPHAD 概要.

ソフトウェア名	：OpenCALPHAD（OC）
最新バージョン	：OC 2.0（2015.4.7 現在）
プログラム言語	：フォートラン（GNU Fortran 4.8 以上を推奨），C^{++}
ダウンロード	：ダウンロードサイト GitHub[3]
動作環境	：Linux，Windows
開発者	：B. Sundman, U. R. Kattner, M. Palumbo, S. G. Fries
データベース	：TDB 形式ファイル
熱力学モデル	：Split-CEF，副格子モデル，置換型溶体モデル，イオン溶体モデル
機能	：Map 計算（二変数計算），Step 計算（一変数計算），一点平衡計算，特性計算（機械的特性など）

のソフトウェアの概要を示す．

4.2　OC のインストール・起動方法

　OC の Windows へのインストールは，コンパイラをインストールするなど若干の追加の手続きが必要となる．また，Linux へもインストール可能である（Linux へのインストールはテキスト[2]を参照）．Windows 上で OC を用いる場合に必要となるのは，ⅰ）OpenCALPHAD，ⅱ）コンパイラ（Gnu Fortran），ⅲ）描画ソフト（Gnu Plot）であり，この三つをインストールする必要がある．OC が正常にインストールされ立ち上がれば，**図 4.1** に示す初期画面が現れる．

フォートランコンパイラのインストール

　フリーのフォートランコンパイラは，たとえば，下記サイトからインストールできる．またはキーワードとして "Gnu Fortran" などで検索するとダウンロードサイトが見つかるだろう．Binaries available for gfortran, http://gcc.gnu.org/wiki/GFortranBinaries

OC のインストール

　ⅰ）　OC のウェブサイトからファイルをダウンロードする．ファイルは zip 形式で圧縮されているので解凍する（ファイルサイズ約 2 MB）．

　ⅱ）　ファイルを解凍したディレクトリに linkmake.txt ファイルができるの

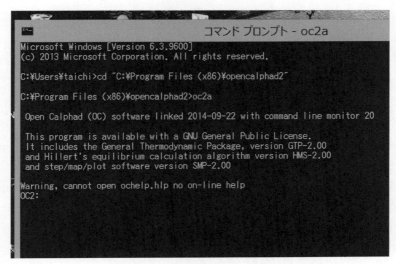

図 4.1 OpenCALPHAD の起動画面.

で，このファイルの拡張子を .cmd に変える．この拡張子 cmd は Windows の
バッチファイルである．

ⅲ) コマンドプロンプトを開く．

ⅳ) ファイルを解凍したディレクトリへ移動する．ディレクトリ移動は cd
コマンドを用いる．簡単には，"cd" とコマンドプロンプト上に入力した後に
エクスプローラーのフォルダをコマンドプロンプトへドラッグ・ドロップすれ
ばよい．

ⅴ) コマンドプロンプト上で linkmake.cmd と入力すると，OC のコンパイ
ルが始まる．もしこれで OC のコンパイルがうまくいかない場合には，32 bit
用コンパイラなど別のコンパイラを試してみるとよい．

ⅵ) 実行ファイル oc2A.exe ができる．

ⅶ) プログラムの実行は，コマンドプロンプトで oc2a と入力する．

描画ソフト (Gnu Plot) のインストール

ⅰ) 例題の結果をプロットするには描画ソフト (Gnu Plot) が必要になる．
まず，たとえばウェブサイト (http://graph.pc-physics.com/) から圧縮ファイ
ル gp442win32.zip をダウンロードする．Zip 形式で圧縮されているので解凍

する．gnuplotというフォルダができるので，このフォルダをそのままOCを解凍したフォルダにコピーする（実行ファイルoc2a.exeがあるディレクトリ）．

ⅱ）Gnu Plotの実行ファイルは，~/gnuplot/bin/フォルダの中にあるwgnuplot.exeである．OpenCALPHADはこれを呼び出して描画するので，そのパスを設定しておく必要がある．パスの設定にはコマンドラインで以下のように入力する．"~"はOCの実行ファイルがあるフォルダまでのパスを入力すること．

path　~¥gnuplot¥bin;%path%

たとえば図4.1の環境の場合には次のようになる．

path　**C:¥Program Files(x86)¥opencalphad2**¥gnuplot¥bin;%path%

太字の部分をそれぞれのディレクトリ構造に合わせて変えること．Gnu Plotのセットアップの詳細は，たとえばウェブサイト[4.5]をあげておく．

4.3　マクロファイルとログファイル

OCのマクロファイルの拡張子はOCMである．マクロファイルを実行する場合には，TDBファイルとマクロファイルを実行ファイル（oc2A.exe）と同じディレクトリに置くこと．マクロを動かすには，OCを立ち上げた後で，macroと入力すればよい．

Set Log_Fileにより入力のログを残すことができる．このLogファイルは，実行ファイルのあるディレクトリに作成される．拡張子はLOGであり，これをOCMに変えればマクロファイルとして実行できる．

4.4　OCのディレクトリ構造

OC Ver. 2.0では，ファイルをダウンロードし解凍すると以下のフォルダが作成される．インストールしたディレクトリの下に実行ファイルがあり，合わせていくつかのフォルダが作成される．macrosフォルダ以外は，プログラム開発者でなければあまり用いることはないだろう（作成されるフォルダは，Documentationupdate, macros, minimizer, stepmapplot, models, numlib,

TQlib, Userif, Utilities である).
　現在の OC Ver. 2.0 には以下の五つの TDB ファイルと多くのマクロファイルが macros フォルダに格納されている．4.6 節ではこれらの TDB ファイルの中から agcu.TDB を用いた計算例を示す．

- agcu.TDB　Ag-Cu 二元系データベース
- steel1.TDB　多元系鉄基合金データベース
- hogas.TDB　H-O 二元系ガスデータベース
- OU.TDB　O-U 二元系データベース
- saf2507.TDB　ステンレス合金データベース

4.5　OC のコマンド

　表 4.2 に現バージョンで定義されているコマンドを列記する．合わせて極簡単にコマンドの説明を加えている．コマンドの引数などの詳細は，ユーザーズマニュアル[2]に若干の説明があるので参照してほしい．この表をざっと眺めてもらえれば，現在のバージョンでどれぐらいの計算ができるかわかるだろう．また，いくつかのコマンドは現バージョンでは無効になっている．これらは今後の開発が待たれるところである．また，コマンドの引数のいくつかも無効になっているものがある．OC を立ち上げた後，コマンドリストは help または "?" を入力することで見ることができる．

　コマンドの入力においては短縮形を用いることができる．後節で取りあげる例題では，多くのコマンドが短縮形を用いて記述されている．短縮の仕方は 2.2.1 節で TDB ファイルに対して説明したように，コマンドが他のコマンドと区別できる長さまで短縮できる．今後プログラムの開発が進むにともなって，使えるコマンドが増え，許される短縮形が変わってくる可能性があるので，旧バージョン用のマクロファイルでは，実行時にエラーとなるだろう．したがって，その時点での最新のユーザーズガイドを合わせて参照していただきたい．

表 4.2 OC Ver. 2.0 コマンドリスト．

About：OC について	List：各種リストの出力
Amend：パラメーターや相の記述の修正	Macro：マクロファイルの呼び出し
Back：プログラム終了	Map：二変数計算
Calculate：計算の実行	New：ワークスペース初期化
Debug：マクロプログラムの中断	Plot：結果のプロット
Delete：相や成分の除外	Quit：プログラム終了
Enter：パラメーターなどの入力	Read：ファイルの読み込み
Exit：プログラム終了	Save：データの保存
Fin：プログラム終了	Select：オプションの選択
Help：コマンドヘルプ	Set：各種変数などの定義
Phcalc：現在無効	Step：一変数計算の実行
Information：現在無効	

4.6 OpenCALPHAD を用いた計算例

OpenCALPHAD では，ユーザーのためにいくつかのマクロファイルが用意されている．ここではそれらのマクロファイルを取り上げて，コマンドの詳細や機能を見てゆくことにする．使用されるコマンドや表記は Thermo-Calc と似てはいるものの，パラメーターや TDB ファイル中のデータの記述が若干異なっている．ここで "@$" で始まる行はコメント行である．

4.6.1 一点平衡計算

ここでは，Ag-Cu 系における一点平衡計算を行う．温度，圧力，組成を全て指定して行う平衡計算を一点平衡計算と呼ぶ．TDB ファイルは，ソフトウェアに添付されている agcu.TDB を用いる．TDB ファイルも実行ファイル oc2A.exe と同じディレクトリに置くこと．ここでは開発元から提供されているマクロファイル step2-agcu.OCM を用いている．

@$ データベースの読み込み

read t agcu

@$1000 K における平衡計算のための条件入力(温度，圧力，原子のモル数，

4.6 OpenCALPHADを用いた計算例

@$Cuのモルフラクション）．
set c t=1000 p=1e5 n=1 x(cu)=0.2
@$一点計算実行
c e
@$計算結果の出力（List）
l,,,,
@$ここで以下の出力が得られる．Ag-Cu二元系状態図におけるFCC相の
@$溶解度ギャップが自動的に計算されている．

T= 1000.00 K(726.85 C), P= 1.0000E+05 Pa, V= 0.0000E+00 m3
N= 1.0000E+00 moles, B= 9.9005E+01 g, RT= 8.3145E+03 J/mol
G=-5.4660E+04 J, G/N=-5.4660E+04 J/mol, H=2.1683E+04 J,
  S=7.6342E+01 J/K

Component name Moles Mole-fr Chem.pot/RT Activities Ref.state
AG 8.0E-01 0.800 -6.8174E+00 1.0945E-03 SER (default)
CU 2.0E-01 0.200 -5.6004E+00 3.6964E-03 SER (default)
Phase: FCC_A1 Status: Entered Driving force: 0E+00
Moles 8.8771E-01, Mass 9.1702E-02 kg, Volume 0.0000E+00 m3
Formula Units: 8.8771E-01, Moles of atoms/FU: 1.0000E+00,
Molar content: AG 8.96932E-01 CU 1.03068E-01
Phase: FCC_A1_AUTO#2 Status: Entered Driving force: 0E+00
Moles 1.1229E-01, Mass 7.3030E-03 kg, Volume 0.0000E+00 m3
Formula Units: 1.1229E-01, Moles of atoms/FU: 1.0000E+00,
Molar content: CU 9.66326E-01 AG 3.36741E-02

4.6.2　一変数計算（ステップ計算）

　次に前節の一点計算に続いて，このままギブスエネルギーの計算（一変数計算）を行ってみよう．ここでは温度を固定して，Cuの組成を変化させる．

```
@$ 出力時のギブスエネルギーの基準を与えておく．ここでは FCC 相を基準
@$ とする．
set ref ag fcc,,,,
set ref cu fcc,,,,
@$ 軸変数の定義(ここでは Cu のモルフラクション)．0-1 の範囲で計算する
@$ (最後のカンマ,,,はデフォルトの値を用いることを意味しておりここでは
@$ 計算ステップである)．
set ax 1 x(cu) 0 1,,,
@$ ステップ計算の実行(sep は separate の意味で，平衡計算ではなく，それ
@$ ぞれの相の熱力学量の計算をする)
step
sep
@$ 結果のプロット x 軸が Cu のモルフラクション，y 軸が各相のギブスエネ
@$ ルギーである．
plot
x(cu)
```

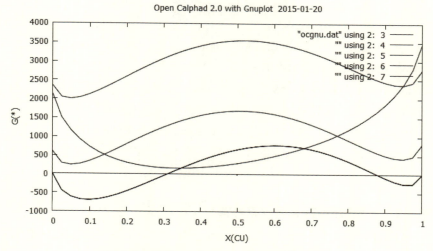

図 4.2 例題 step2-agcu.OCM の計算結果．

G(*),,,,,,,,,,

計算結果を図 4.2 に示す．

4.6.3 二変数計算(MAP 計算)

ここではマクロファイル map1-agcu.OCM を用いて Ag-Cu 二元系状態図を計算する．ここでは温度と Cu 組成の二つを変化させる．

```
@$ データベースを読み込み一点計算を行う．
r t agcu
set cond t=1000 p=1e5 n=1 x(cu)=.2
c e
@$ 軸変数は二つ定義する(Cu のモルフラクションと温度)．
set ax 1 x(cu) 0 1,,,
set ax 2 t 800 1500 10
@$ 状態図の計算
map
@$ 結果のプロット
```

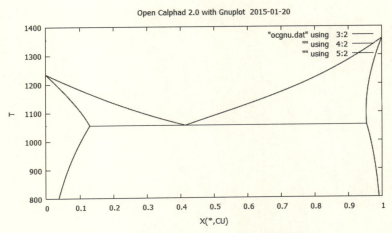

図 4.3　例題 map1-agcu.OCM の計算結果．

```
plot
x(*, cu)
T
ocgnu
plot
```

　計算結果を**図 4.3** に示す.

第 4 章 参考文献

[1]　OpenCALPHAD：http://www.opencalphad.com/
[2]　OpenCALPHAD ユーザーズマニュアル：http://www.nims.go.jp/cmsc/pst/database/OpenCalphad/opencalphad.htm
[3]　OC Ver. 2.0 のダウンロードサイト（GitHub）：https://github.com/sundmanbo/opencalphad/tree/ff206056682a66d1e07c2437d81fe8cee2b5d952
[4]　windows 環境変数 Path の設定方法：http://next.matrix.jp/config-path-win7.html
[5]　初心者の方向け gunplot スクリプト・スタートガイド：http://www.ss.scphys.kyoto-u.ac.jp/person/yonezawa/contents/program/gnuplot/instraction.html

付　　録

付録 A1.1　既存のデータベースへのデータの追加と修正方法

　ここでは，PANDAT 8.1 と Thermo-Calc Ver. S における手続きを取りあげる．PANDAT の場合，すでに読み込まれた元ファイル中の PHASE ラインや CONSTITUENT ラインはそのまま有効になるため，元ファイルで定義した相に成分を追加できない．また，そのほかのパラメーターは追加できるが，元データは有効になっているため，新たなパラメーターは元ファイルのデータにそのまま加算される．もし成分の追加が必要な場合には，同一の新たな相を定義すればよい．たとえば，液相を通常の液相から会合体モデルに変更する場合には，LIQ_ASSO などの新しい液相を代わりに定義すればよい（計算時には既存の液相を除外する）．また，APPEND 機能はソフトウェアとそのバージョンによって細かい違いがあるため，その機能を使う場合には，パラメーターなどが既知の TDB を使って十分に動作を確認したうえで用いる必要があるだろう．

PANDAT 8.1

　メニュー Database から Append Database を選択する．たとえば，暗号化されたデータベースに対して，自作の TDB を Append（追加）できる．ただし以下の条件がある．PANDAT の場合，APPEND するファイルには追加するパラメーターだけを記述しておけばよく，完全な TDB ファイルでなくてもよい．

・新しい元素や成分を定義することは可能であるが，元ファイルの相にそれらを追加することはできない．

・新しい相を定義することができる．

・純元素エンドメンバーのギブスエネルギーは APPEND できるが，化合物

エンドメンバーはできない（計算ではゼロになってしまう）．

Thermo-Calc Ver. S

　Thermo-Calc では，データベース中のパラメーターの修正にはいくつかの方法がある．Database モジュールでは Append_Database コマンドにより，二つの異なるデータベースのパラメーターを読み込むことができる．PANDAT とは異なり，Thermo-Calc では APPEND するファイルもデータベースとして機能するように記述しておかなければならない．また PANDAT ではできなかった，新規の元素や成分の追加も可能である．同じパラメーターが二つのデータベースにある場合，加算ではなく，新しいパラメーターへ置き換えされる．ただし，ワイルドカードで記述したパラメーターは，異なるパラメーターと解釈されるために加算される．PANDAT 同様に新しい相の定義も可能である．通常，SSOL データベースに足りない化合物データを SSUB データベースから読み込んで，両者を合わせて相平衡計算するなどの使用方法が一般的だろう．

　そのほか，直接パラメーターなどを修正するためのコマンドとして，GES モジュールの

　　AMEND_PARAMETER, AMEND_ELEMENT_DATA,
　　AMEND_PHASE_DESCRIPTION, AMEND_SYMBOL

がある．また，ある相のギブスエネルギー全体に一定値を加える場合には，POLY-3 モジュールの

　　ADVANCED_OPTIONS PHASE_ADDITION

がある．

付録 A1.2　PANDAT 用 CSA モデルの記述

　CSA（Cluster/Site Approximation）モデルは，現在 PANDAT のみで計算可能である．しかし，まだ試用段階のため，今後大きく変更される可能性もある．ここでは，付録として現段階の入力方法について紹介しておく．また，

付録 A1.2 PANDAT 用 CSA モデルの記述

CSA モデルについては，極簡単な紹介に止めている．興味があれば詳細は文献(W. A. Oates and H. Wenzl, Scripta Mater., **35** (1996), 623-627)を参照していただきたい．このモデルは，クラスター変分法(CVM)のように点近似以上のクラスター確率を取り入れ，より精密に配置のエントロピーを記述するモデルである．ただし，CVM と異なりここで用いるクラスターは，辺と面を共有しない(点のみ共有)．この操作により配置のエントロピー項は，点確率とクラスター確率のみで表され，CVM よりも単純な形式となる．四面体クラスターを用いた BCC と FCC 格子の場合には共に次式で与えられる．

$$S_{\text{CSA}} = S_{\text{Tetrahedron}} - 3 S_{\text{Point}} \tag{A.1}$$

ここで $S_{\text{Tetrahedron}}$, S_{Point} は，それぞれ四面体，点クラスター確率である．n 体クラスターによる配置のエントロピーは

$$S_n = -\sum_i Z_i^{(n)} \ln Z_i^{(n)} \tag{A.2}$$

で与えられる．式(A.1)の右辺第2項の係数(3)は定数であるが，実際には

$$S_{\text{CSA}} = \xi S_{\text{Tetrahedron}} - (4\xi - 1) S_{\text{Point}} \tag{A.3}$$

として，ξ がフィッティングパラメーターとして用いられている．これが下記の入力例における，

Geometrical factor gamma(CSA_Gamma)

である．ギブスエネルギーを記述するには，四面体クラスターのエネルギーを与えればよく，記述は 3.6 節で取りあげた四副格子による Split-CEF のエンドメンバーの入力とほぼ同じである(ここでは純元素からの寄与も合わせて記述しているところが異なる)．

次に実際の記述例を示す．相を定義する PHASE ラインでオプション "C" を用いる．パラメーターと元素の入力の順番は例に示したままにすること．以下には Cr-Ir 二元系状態図の熱力学解析結果を例として示す(C. Zhang, J. Zhu, D. Morgan, Y. Yang, F. Zhang, W. S. Cao and Y. A. Chang, CALPHAD, **33** (2009), 420-424)．ここで W は，対相互作用パラメーターに相当する．式

(A.3)中の ξ は TDB ファイル中では gamma と記述する.

```
FUNCTION GAMMA 298.15  +1.35;                                   6000 N !
FUNCTION W1 298.15  -4424;                                      6000 N !
FUNCTION W2 298.15  +1182;                                      6000 N !
FUNCTION W3 298.15  -6482+.926203*T;                            6000 N !
FUNCTION PCR 298.15  +GCRFCC;                                   6000 N !
FUNCTION PIR 298.15  +GHSERIR;                                  6000 N !
$ symbol C indicating the CSA model
 PHASE FCC_A1 : C  %  4  .25  .25  .25  .25 !
     CONSTITUENT FCC_A1 : C  :CR, IR: CR, IR: CR, IR: CR, IR: !
$ geometrical factor : gamma
PAR CSA_GAMMA(FCC_A1, CR, IR:CR:CR:CR;0)  298.15  +GAMMA;       6000 N !
$
PAR G(FCC_A1, CR:CR:CR:CR;0)   298.15  +GCRFCC;                 6000 N !
PAR G(FCC_A1, IR:IR:IR:IR;0)   298.15  +GHSERIR;                6000 N !
PAR W(FCC_A1, CR:CR:CR:CR;0)   298.15  +PCR;                    6000 N !
PAR W(FCC_A1, CR:CR:CR:IR;0)   298.15  +0.75*PCR+0.25*PIR+3*W2; 6000 N !
PAR W(FCC_A1, CR:CR:IR:CR;0)   298.15  +0.75*PCR+0.25*PIR+3*W2; 6000 N !
PAR W(FCC_A1, CR:CR:IR:IR;0)   298.15  +0.5*PIR+0.5*PCR+ 4*W1;  6000 N !
PAR W(FCC_A1, CR:IR:CR:CR;0)   298.15  +0.75*PCR+0.25*PIR+3*W2; 6000 N !
PAR W(FCC_A1, CR:IR:CR:IR;0)   298.15  +0.5*PIR+0.5*PCR+ 4*W1;  6000 N !
PAR W(FCC_A1, CR:IR:IR:CR;0)   298.15  +0.5*PIR+0.5*PCR+ 4*W1;  6000 N !
PAR W(FCC_A1, CR:IR:IR:IR;0)   298.15  +0.25*PCR+0.75*PIR+3*W3; 6000 N !
PAR W(FCC_A1, IR:CR:CR:CR;0)   298.15  +0.75*PCR+0.25*PIR+3*W2; 6000 N !
PAR W(FCC_A1, IR:CR:CR:IR;0)   298.15  +0.5*PIR+0.5*PCR+ 4*W1;  6000 N !
PAR W(FCC_A1, IR:CR:IR:CR;0)   298.15  +0.5*PIR+0.5*PCR+ 4*W1;  6000 N !
PAR W(FCC_A1, IR:CR:IR:IR;0)   298.15  +0.25*PCR+0.75*PIR+3*W3; 6000 N !
PAR W(FCC_A1, IR:IR:CR:CR;0)   298.15  +0.5*PIR+0.5*PCR+ 4*W1;  6000 N !
PAR W(FCC_A1, IR:IR:CR:IR;0)   298.15  +0.25*PCR+0.75*PIR+3*W3; 6000 N !
PAR W(FCC_A1, IR:IR:IR:CR;0)   298.15  +0.25*PCR+0.75*PIR+3*W3; 6000 N !
PAR W(FCC_A1, IR:IR:IR:IR;0)   298.15  +PIR;                    6000 N !
```

付録 A1.3　Thermo-Calc 用 F オプション，B オプションの記述

　本来は式(2.53)にある全てのパラメーターを入力しなければならないが，式(2.54)の関係を使って入力を省略するのがオプション F と B である．このオプションは Thermo-Calc 以外のソフトウェアでは使えないが，2.3.6 節，2.3.7 節で示したパラメーターの見通しがよくなっていることがわかるだろう．以下は F オプションを用いた記述例である．

```
PHASE ORDER:F %' 4 0.25 0.25 0.25 0.25 !
  CONSTITUENT ORDER:F :AL, IR : AL, IR : AL, IR : AL, IR : !
 PAR G(ORDER, AL:AL:AL:AL;0)  300  +0;                         6000 N !
 PAR G(ORDER, IR:AL:AL:AL;0)  300  +3*GAL3IR1;                 6000 N !
 PAR G(ORDER, IR:IR:AL:AL;0)  300  +4*GAL2IR2;                 6000 N !
 PAR G(ORDER, AL:IR:IR:IR;0)  300  +3*GAL1IR3;                 6000 N !
 PAR G(ORDER, IR:IR:IR:IR;0)  300  +0;                         6000 N !
 PAR G(ORDER, AL, IR:AL, IR:AL:AL;0)  300  +GSROAL;            6000 N !
 PAR G(ORDER, IR:AL, IR:AL, IR:AL;0)  300  +GSRO;              6000 N !
 PAR G(ORDER, IR:IR:AL, IR:AL, IR;0)  300  +GSROIR;            6000 N !
```

　式(2.64)の関係を用いて BCC 相のパラメーターの入力を簡略化したのが B オプションである．以下は B オプションを用いた場合の記述例である．

```
PHASE ORDER:B %' 4 0.25 0.25 0.25 0.25 !
CONSTITUENT ORDER:B : A, B : A, B : A, B : A, B : !
 PAR G(ORDER, A:A:A:A;0)  300  +0;                             6000 N !
 PAR G(ORDER, B:A:A:A;0)  300  +2*WAB1+1.5*WAB2;               6000 N !
 PAR G(ORDER, B:B:A:A;0)  300  +4*WAB1;                        6000 N !
 PAR G(ORDER, A:B:A:B;0)  300  +2*WAB1+3.0*WAB2;               6000 N !
 PAR G(ORDER, A:B:B:B;0)  300  +2*WAB1+1.5*WAB2;               6000 N !
 PAR G(ORDER, B:B:B:B;0)  300  +0;                             6000 N !
 PAR G(ORDER, A, B:*:*:*;0)  300  +3*WAB3;                     6000 N !
 PAR G(ORDER, A, B:A, B:*:*;0)  300  +SRO2;                    6000 N !
 PAR G(ORDER, A, B:*:A, B:*;0)  300  +SRO1;                    6000 N !
```

付録 A2.1 Kopp-Neumann(K-N)則に関する補足

K-N 則とはすなわち二元系化合物であれば次式の関係である．

$$C_P(A_x B_y) = x C_P(A) + y C_P(B) \tag{A.4}$$

ここで，左辺は化合物 $A_x B_y$ の定圧比熱．$C_P(A)$, $C_P(B)$ は元素 A，B の比熱である．K-N 則は格子振動による比熱だけを考えれば Dulong-Petit(D-P)則と等価である．まずは，この D-P 則を見ておこう．図 A.1 に各元素の標準状態における定圧比熱を示す．本来 D-P 則は定積比熱に対するものであるが固体では，定圧比熱とほぼ等しくなる($C_P - C_V = \sim 2\,\mathrm{mJmol^{-1}K^{-1}}$)．ガス元素は，単原子であれば 3/2R，二原子分子では 5/2R である．そのほか，大きく外れている元素はデバイ温度が高い B，C，Be，またはデバイ温度が低いアルカリ金属(Cs, Rb)である．また Gd は室温付近に磁気転移があるため比熱の値が大きくなっている．これらの元素をのぞけば，ほとんどの元素がほぼ 3R±20 % 以内に入っていることがわかるだろう．したがって，これら元素の定圧比熱の傾向と式(A.4)の K-N 則から，室温の金属間化合物の定圧比熱は，同様に 3R±20 % 程度になることが予想されるだろう（酸化物や窒化物などガ

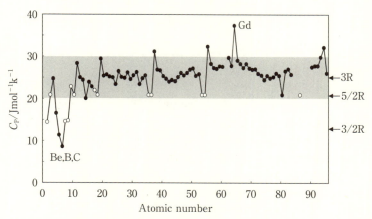

図 A.1　各元素の標準状態における定圧比熱．グレーの領域は 3R±20 % の範囲．

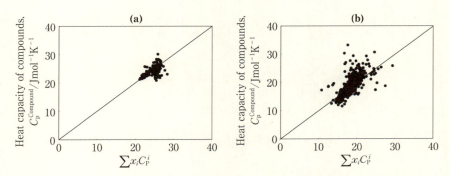

図 A.2　化合物における Kopp-Neumann 則．（a）金属間化合物，（b）酸化物．

ス元素が入ると 3R よりも小さくなる）．

図 A.2（a）に金属間化合物（固相）の K-N 則を示す．X 軸は多元化合物のデータも含まれているため，$C_\mathrm{P}^\mathrm{Compound} = \sum x_i C_\mathrm{P}^i$ としてある．定圧比熱のデータは文献（I. Barin, Thermochemical data of pure substances (1993) VCH）によるものである．直線は K-N 則を示している．D-P 則と同様に 3R±20 ％以内（20〜30）に入っている．同様に酸化物（固相）の結果を図 A.2（b）に示す．これらもほぼ同じ傾向があるが，直線から大きく外れる点も多く K-N 則の適用には注意が必要である．K-N 則が成り立たない化合物をまとめておく．

（ⅰ）D-P 則から外れる元素を含む化合物，
（ⅱ）化合物になることで相が変わるもの（固相から液相やガス相になるなど），
（ⅲ）磁気転移を持つ純物質．

付録 A2.2　異なる侵入型副格子間の変換

ここでは次式の右辺と左辺のギブスエネルギー式の変換に必要なパラメーターの関係を導出する．

$$(\mathrm{A})_{p_1}(\mathrm{B}, \mathrm{Va})_q \Rightarrow (\mathrm{A})_{p_2}(\mathrm{B}, \mathrm{Va})_r \tag{A.5}$$

左辺のギブスエネルギーは，

$$G^{1:q} = y_A^{(1)} y_B^{(2)} \frac{x_A}{p_1} G_{A:B}^{p_1:q} + y_A^{(1)} y_{Va}^{(2)} \frac{x_A}{p_1} G_{A:Va}^{p_1:q} + \frac{qx_A}{p_1} RT \sum_{j=B,Va} y_j^{(2)} \ln(y_j^{(2)})$$
$$+ \frac{x_A}{p_1} y_B^{(2)} y_{Va}^{(2)} \sum_{n=0}^{v} L_{A:B,Va}^{(n)\,p_1:q} (y_B^{(2)} - y_{Va}^{(2)})^n \tag{A.6}$$

同様に右辺のモルギブスエネルギーは,

$$G^{1:r} = y_A^{(1)} y_B^{(2)} \frac{x_A}{p_2} G_{A:B}^{p_2:r} + y_A^{(1)} y_{Va}^{(2)} \frac{x_A}{p_2} G_{A:Va}^{p_2:r} + \frac{rx_A}{p_2} RT \sum_{j=B,Va} y_j^{(2)} \ln(y_j^{(2)})$$
$$+ \frac{x_A}{p_2} y_B^{(2)} y_{Va}^{(2)} \sum_{n=0}^{v} L_{A:B,Va}^{(n)\,p_2:r} (y_B^{(2)} - y_{Va}^{(2)})^n \tag{A.7}$$

純 A のギブスエネルギーは等しいので,置換型サイトのモル数の違いを考慮して,

$$G_{A:Va}^{p_2:r} = \frac{p_2}{p_1} G_{A:Va}^{p_1:q} \tag{A.8}$$

次に,この変換においては式(A.6)と式(A.7)が等しくなればよいので,式(A.8)を式(A.7)に代入して整理すると次式を得る.

$$G_{A:B}^{p_2:r} = \frac{r}{q} G_{A:B}^{p_1:q} + \left(\frac{p_2}{p_1} - \frac{r}{q}\right) G_{A:Va}^{p_1:q} + x_A RT \left[\begin{array}{l} \dfrac{q}{p_1} \sum_{j=B,Va} y_j^{(2)\,p_1:q} \ln(y_j^{(2)\,p_1:q}) \\ - \dfrac{r}{p_2} \sum_{j=B,Va} y_j^{(2)\,p_2:r} \ln(y_j^{(2)\,p_2:r}) \end{array} \right]$$
$$+ \frac{1}{q}\left(1 - \frac{p_1 x_B}{q x_A}\right) \sum_{n=0}^{v} L_{A:B,Va}^{(n)\,p_1:q} - \frac{1}{r}\left(1 - \frac{p_2 x_B}{r x_A}\right) \sum_{n=0}^{v} L_{A:B,Va}^{(n)\,p_2:r} \tag{A.9}$$

また,式(A.6)と(A.7)中のサイトフラクションは異なっているため,$y_j^{(2)\,p:q}$ は副格子モデル $p:q$ における第二副格子上の元素 j のモルフラクションとして区別している.固溶元素濃度が十分に低い場合 $(0 < y_B^{(2)} \ll 1)$,過剰ギブスエネルギー項を $L_{A:B,Va}^{(n)\,p_2:r} = rL_{A:B,Va}^{(n)\,p_1:q}/q$ で与えれば,式(A.9)は,

$$G_{A:B}^{p_2:r} = \frac{r}{q} G_{A:B}^{p_1:q} + \left(\frac{p_2}{p_1} - \frac{r}{q}\right) G_{A:Va}^{p_1:q} + rRT \ln\left(\frac{p_1}{p_2} \frac{r}{q}\right) \tag{A.10}$$

これで,$p_1:q$ の副格子構成から $p_2:r$ の副格子構成へのパラメーターの変換を行うことができる.エンドメンバーのギブスエネルギーに注目すると,p_1 モ

ルの元素 A と q モルの元素 B から 1 モルの化合物 $A_{p_1}B_q$ が生成する場合には，式(A.9)，(A.10)中の化合物のギブスエネルギーは，

$$G_{A:B}^{p_1:q} = p_1\,{}^0G_m^A + q\,{}^0G_m^B + \Delta G_{A_{p_1}B_q}^{form} \tag{A.11}$$

$\Delta G_{A_{p_1}B_q}^{form}$ はこの化合物の生成ギブスエネルギーである．${}^0G_m^A$ と ${}^0G_m^B$ は純 A と純 B の 1 モル当たりのギブスエネルギーである．エンドメンバーのギブスエネルギー差だけを考え，式(A.11)を式(A.10)に代入，整理すると次式を得る．

$$G_{A:B}^{p_2:r} = p_2\,{}^0G_m^A + r\,{}^0G_m^B + \frac{r}{q}\Delta G_{A_{p_1}B_q}^{form} \tag{A.12}$$

すなわちこのパラメーター変換では，既知のエンドメンバーのギブスエネルギーを用いて，p_2 モルの元素 A と r モルの元素 B から未知の化合物 $A_{p_2}B_r$ が生成するときの生成ギブスエネルギー $\Delta G_{A_{p_2}B_r}^{form}$ を $r\Delta G_{A_{p_1}B_q}^{form}/q$ と推定していることに相当する．この推定値がよい近似になっていない場合には，推定値と実測値の差を $\Delta (=\Delta G_{A_{p_2}B_r}^{form} - r\Delta G_{A_{p_1}B_q}^{form}/q)$ として加えればよい．この場合，低 B 領域のギブスエネルギーも影響を受けるため，式(A.9)から，その補正として過剰ギブスエネルギーにおける $n=0$ 項を次式で与える必要がある．

$$L_{A:B,Va}^{(0)\,p_2:r} = \frac{r}{q} L_{A:B,Va}^{(0)\,p_1:q} - \Delta \tag{A.13}$$

これにより，低 B 領域のギブスエネルギーと化合物のギブスエネルギーを共に再現することが可能となる．

侵入型サイトと置換型サイト間のパラメーターの関係式も同様の取り扱いにより得ることができる．このときの変換は $(A, B)_p (Va)_q \Rightarrow (A)_p (B, Va)_q$ である．以下に得られた関係式をまとめて示す．

1) 副格子のモル数が異なる場合 $((A)_{p_1}(B, Va)_q \Rightarrow (A)_{p_2}(B, Va)_r)$ の変換式．

$$G_{A:Va}^{p_2:r} = \frac{p_2}{p_1} G_{A:Va}^{p_1:q}$$

$$G_{A:B}^{p_2:r} = \frac{r}{q} G_{A:B}^{p_1:q} + \left(\frac{p_2}{p_1} - \frac{r}{q}\right) G_{A:Va}^{p_1:q} + rRT \ln\left(\frac{p_1}{p_2}\frac{r}{q}\right) + \Delta$$

$$L_{A:B,Va}^{(0)\,p_2:r} = \frac{r}{q} L_{A:B,Va}^{(0)\,p_1:q} - \Delta, \quad L_{A:B,Va}^{(n)\,p_2:r} = \frac{r}{q} L_{A:B,Va}^{(n)\,p_1:q} \quad (n>0) \tag{A.14}$$

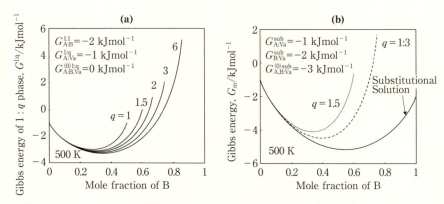

図 A.3 パラメーター変換によるギブスエネルギーの変化．（a）侵入型サイトのモル数の変換，（b）侵入型と置換型の変換．図中に示したパラメーター値を用いて 500 K で計算している．

2） 元素の優先サイトが異なる場合 $((A, B)_p (Va)_q \Rightarrow (A)_p (B, Va)_q)$ の変換式 $(p=1)$．

$$G_{A:Va}^{1:q} = G_{A:Va}^{sub}$$
$$G_{A:B}^{1:q} = G_{A:Va}^{sub} + qG_{B:Va}^{sub} + qRT\ln(q) + \Delta G_{A_1B_q}^{form}$$
$$L_{A,B:Va}^{(0)1:q} = qL_{A,B:Va}^{(0)sub} - \Delta G_{A_1B_q}^{form}, \quad L_{A,B:Va}^{(n)1:q} = qL_{A,B:Va}^{(n)sub} \quad (n>0) \qquad (A.15)$$

この変換による，ギブスエネルギーの濃度依存性の変化を**図 A.3** に示す．希薄域ではどの曲線も一致していることがわかるだろう．導出の詳細は文献(阿部太一，橋本清，日本金属学会誌，**78**（2014），274-279)を参考にしてほしい．

総 索 引

あ

R-K 級数(項)
　　　　　……14, 19, 47, 62, 64, 72, 77, 82
I-H-J モデル……………………………59
アニオンサイト……………………………35
APPEND……………………………39, 101

い

イオン………………………………………15
　　──液相……………………………16
　　──結晶……………………………16, 18
　　──溶体モデル……………………90
一変数計算(ステップ計算)………90, 95
一点平衡計算……………………………90, 94

え

SRO………………………63, 73, 79, 81, 83
SER(Standard Element Reference)…56
SGTE Unary Database………20, 45, 58
F オプション……………………………37
ELEMENT ライン………………10, 14
エンタルピーの基準……………………56
エンドメンバー……31, 72, 74, 80, 101, 108

お

OpenCALPHAD(OC)………………3, 89

か

会合体………………………………15, 18, 84
会合溶体モデル……………………34, 65, 83
化学量論化合物……………………19, 30, 69
過剰ギブスエネルギー……28, 29, 63, 70
　　三元──……………………22, 29, 67
過剰比熱……………………………………70
ガス相………………………………………16
　　──のギブスエネルギー……………62

カチオンサイト…………………………35
CALPHAD 法……………………………1, 55

き

擬化学モデル………………………4, 65, 82
記述の短縮…………………………………13
規則-不規則転移………………………73
規則-不規則変態………………74, 76, 79
　　──モデル……………………………11
希薄溶体近似……………………………74
ギブスエネルギー………………………55
　　──の圧力依存性……………………56
　　──の温度依存性……………………56
CaTCalc……………………………………3
キュリー温度………………………22, 44, 62
金属間化合物相…………………………66

く

クラスター・サイト近似………………4
クラスター変分法(CVM)……2, 63, 103

け

K-N 則………………………28, 30, 57, 66, 70, 106

こ

構造空孔……………………………………41
Kopp-Neumann(K-N)則
　　　　　………………28, 30, 57, 66, 70, 106
コメント文…………………………………12
コングルーエント点……………………49
混合のエントロピー……………………63
CONSTITUENT ライン………11, 17, 101

さ

Thermo-Calc……………………………3
Thermosuite……………………………3

最大文字数 …………………………… 12
サイトフラクション ……………… 40, 71
三元(系の)過剰ギブスエネルギー
　……………………………… 22, 29, 67

し
CSA (Cluster/Site Approximation)
　モデル ……………………………16, 102
CSFAP …………………………………… 9
CVM (Cluster Variation Method)
　………………………………… 2, 63, 103
磁気過剰ギブスエネルギー
　……………………… 11, 23, 43, 47, 59, 108
磁気転移温度 ………………………………43
磁気モーメント ……………… 22, 43, 44, 62
準安定状態図 ………………………………50
準正則溶体 …………………………………65
侵入型固溶体 …………………………31, 41, 73
侵入型副格子 ……………………………31, 107
侵入型副格子モデル ………………………50

す
水溶液 ………………………………………16
Step 計算(一変数計算) ………………90, 95
スプリットコンパウンドエナジーフォー
　マリズム (Split-CEF)
　……………………… 11, 24, 36, 55, 65, 75, 90
SPECIES ライン ……………………… 10, 27

せ
生成ギブスエネルギー ……………… 70, 109
正則・準正則溶体のギブスエネルギー
　……………………………………………28
正則溶体 ……………………………… 19, 64
正則溶体モデル ………………………37, 68, 75
漸近キュリー温度 …………………………60

た
大域極小化 (global minimization) ……19
第一近接相互作用 …………………………77

第三近接対相互作用 ………………………43
第二近接相互作用 …………………………77
Type-definition (ライン) ……… 11, 13, 23
短範囲規則化 (Short Range Ordering :
　SRO) ………………… 63, 73, 79, 81, 83

ち
置換型固溶体 ………………………… 41, 74
置換型溶体モデル …………………… 28, 90
長範囲規則化 ………………………………68

て
TDB (Thermodynamic DataBase)
　ファイル ……………………… 2, 9, 44, 64
Define-system-default ………………25
デバイ温度 ……………………………… 106
デバイモデル ………………………………59
Default-command ……………………26
Dulong-Petit 則 …………………… 57, 106
電気的中性条件 …………………… 36, 85, 86

に
二副格子イオン溶体モデル
　…………………………… 16, 35, 50, 85
二変数計算 (Map 計算) ……………… 90, 97

ね
ネール温度 ……………………… 22, 44, 60, 62
熱力学アセスメント ………………4, 66, 68, 79
熱力学データベース ………………………… 4

は
配置のエントロピー ………………………63
PARAMETER ライン ………………… 11, 19
反強磁性因子 ………………………… 43, 60
PANDAT ……………………………………3

ひ
BMAGN ……………………………………44
B オプション ………………………………42

B-W-G 近似 …………………………… 2, 63
B2 型規則構造 ………………………… 69

ふ
FactSage ……………………………………… 3
FUNCTION ライン ………………… 10, 23
Pourbaix 図 …………………………… 82
PHASE ライン ………………… 11, 15, 101
副格子構成 …………………………… 47
副格子モデル ……………………… 68, 90
不定比化合物 ……………………… 30, 71
Bragg-Williams-Gorsky 近似 ……… 2, 63
Flory-Huggins モデル ………………… 82
分子 …………………………………… 15

へ
ヘッダー部 …………………………… 10

ま
MatCalc ……………………………………… 3
Map 計算(二変数計算) ……………… 90, 97

む
Muggianu 型 ………………………… 67
Murnaghan モデル …………………… 56

ゆ
優先占有サイト ……………………… 68

よ
溶解度ギャップ …………………… 67, 68, 95
溶体相のギブスエネルギー ………… 62

ら
ラインコンパウンド ………………… 71
ラティススタビリティ …………… 45, 58

り
理想気体 ……………………………… 27

る
Lukas Program ………………………… 3
ルジャンドル変換 …………………… 55

れ
レシプロカルパラメーター(L)
……………………………… 33, 37, 72, 79, 80

わ
ワイコフポジション ………………… 40
ワイルドカード …………………… 22, 37, 39

欧字先頭語索引

A
APPEND ………………… 39, 101

B
B-W-G 近似 ………………… 2, 63
B2 型規則構造 ………………… 69
BMAGN ………………… 44
Bragg-Williams-Gorsky 近似 ……… 2, 63
B オプション ………………… 42

C
CALPHAD 法 ………………… 1, 55
CaTCalc ………………… 3
CONSTITUENT ライン …… 11, 17, 101
CSA(Cluster/Site Approximation)
　モデル ………………… 16, 102
CSFAP ………………… 9
CVM(Cluster Variation Method)
　………………… 2, 63, 103

D
Default-command ………………… 26
Define-system-default ………………… 25
Dulong-Petit 則 ………………… 57, 106

E
ELEMENT ライン ………… 10, 14

F
FactSage ………………… 3
Flory-Huggins モデル ………………… 82
FUNCTION ライン ………… 10, 23
F オプション ………………… 37

I
Inden-Hillert-Jarl(I-H-J)モデル …… 59

K
Kopp-Neumann(K-N)則
　………………… 28, 30, 57, 66, 70, 106

L
L(レシプロカルパラメーター)
　………………… 33, 37, 72, 79, 80
Lukas Program ………………… 3

M
Map 計算(二変数計算) ………… 90, 97
MatCalc ………………… 3
Muggianu 型 ………………… 67
Murnaghan モデル ………………… 56

O
OpenCALPHAD(OC) ………… 3, 89

P
PANDAT ………………… 3
PARAMETER ライン ………… 11, 19
PHASE ライン ………… 11, 15, 101
Pourbaix 図 ………………… 82

R
Redlich-Kister(R-K)級数(項)
　………………… 14, 19, 47, 62, 64, 72, 77, 82

S
SER(Standard Element Reference) … 56
SGTE Unary Database ……… 20, 45, 58
SPECIES ライン ………………… 10, 27
Split-CEF ………… 11, 24, 36, 55, 65, 75, 90
SRO ………………… 63, 73, 79, 81, 83
Step 計算(一変数計算) ………… 90, 95

T

TDB(Thermodynamic DataBase)
ファイル……………………2, 9, 44, 64

Thermo-Calc ……………………………… 3
Thermosuite ……………………………… 3
Type-definition(ライン) ………11, 13, 23

著者略歴　阿部　太一（あべ　たいち）
　　　　　1967年　横浜市に生まれる
　　　　　1990年　東海大学工学部金属材料工学科卒業
　　　　　1992年　東海大学大学院工学研究科修士課程修了
　　　　　1992年　科学技術庁金属材料技術研究所（現 物質・材料研究機構）
　　　　　　　　　研究員
　　　　　2012年　物質・材料研究機構 主幹研究員
　　　　　　　　　現在に至る（この間 2002～2003年スウェーデン王立工科大学客
　　　　　　　　　員研究員）

2015年5月15日　第1版発行

検印省略

TDBファイル作成で学ぶ
カルファド法による状態図計算

著　者　ⓒ　阿部太一
発行者　　　内田　学
印刷者　　　山岡景仁

発行所　株式会社　内田老鶴圃　〒112-0012 東京都文京区大塚3丁目34番3号
　　　　　　　　　電話（03）3945-6781（代）・FAX（03）3945-6782
http://www.rokakuho.co.jp/　　　　　　　　　　　印刷・製本／三美印刷 K.K.

Published by UCHIDA ROKAKUHO PUBLISHING CO., LTD.
3-34-3 Otsuka, Bunkyo-ku, Tokyo, Japan

U. R. No. 613-1

ISBN 978-4-7536-5563-2 C3042

基礎から学ぶ構造金属材料学
丸山 公一・藤原 雅美・吉見 享祐 共著　A5・216頁・本体3500円

材料学シリーズ
金属の相変態　材料組織の科学 入門
榎本 正人 著　A5・304頁・本体3800円

材料学シリーズ
再結晶と材料組織　金属の機能性を引きだす
古林 英一 著　A5・212頁・本体3500円

材料学シリーズ
鉄鋼材料の科学　鉄に凝縮されたテクノロジー
谷野 満・鈴木 茂 著　A5・304頁・本体3800円

金属の疲労と破壊　破面観察と破損解析
Brooks・Choudhury 著／加納 誠・菊池 正紀・町田 賢司 共訳
A5・360頁・本体6000円

材料学シリーズ
金属腐食工学
杉本 克久 著　A5・260頁・本体3800円

JME 材料科学シリーズ
金属の高温酸化
齋藤 安俊・阿竹 徹・丸山 俊夫 編訳　A5・140頁・本体2500円

材料強度解析学　基礎から複合材料の強度解析まで
東郷 敬一郎 著　A5・336頁・本体6000円

高温強度の材料科学　クリープ理論と実用材料への適用
丸山 公一 編著／中島 英治 著　A5・352頁・本体6200円

基礎強度学　破壊力学と信頼性解析への入門
星出 敏彦 著　A5・192頁・本体3300円

結晶塑性論　多彩な塑性現象を転位論で読み解く
竹内 伸 著　A5・300頁・本体4800円

高温酸化の基礎と応用　超高温先進材料の開発に向けて
谷口 滋次・黒川 一哉 著　A5・256頁・本体5700円

材料工学入門　正しい材料選択のために
Ashby・Jones 著／堀内 良・金子 純一・大塚 正久 訳
A5・376頁・本体4800円

材料工学　材料の理解と活用のために
Ashby・Jones 著／堀内 良・金子 純一・大塚 正久 共訳
A5・488頁・本体5500円

物質の構造　マクロ材料からナノ材料まで
Allen・Thomas 著／斎藤 秀俊・大塚 正久 共訳　A5・548頁・本体8800円

材料の速度論　拡散，化学反応速度，相変態の基礎
山本 道晴 著　A5・256頁・本体4800円

材料学シリーズ
材料における拡散　格子上のランダム・ウォーク
小岩 昌宏・中嶋 英雄 著　A5・328頁・本体4000円

材料学シリーズ
金属電子論　上・下
水谷 宇一郎 著
上：A5・276頁・本体3200円／下：A5・272頁・本体3500円

材料学シリーズ
金属物性学の基礎　はじめて学ぶ人のために
沖 憲典・江口 鐵男 著　A5・144頁・本体2500円

材料学シリーズ
金属電子論の基礎　初学者のための
沖 憲典・江口 鐵男 著　A5・160頁・本体2500円

材料学シリーズ
金属間化合物入門
山口 正治・乾 晴行・伊藤 和博 著　A5・164頁・本体2800円

稠密六方晶金属の変形双晶　マグネシウムを中心として
吉永 日出男 著　A5・164頁・本体3800円

材料学シリーズ
合金のマルテンサイト変態と形状記憶効果
大塚 和弘 著　A5・256頁・本体4000円

機能材料としてのホイスラー合金
鹿又 武 編著　A5・320頁・本体5700円

粉末冶金の科学
German 著／三浦 秀士 監修／三浦 秀士・高木 研一 共訳　A5・576頁・本体9000円

粉体粉末冶金便覧
(社)粉体粉末冶金協会 編　B5・500頁・本体15000円

材料学シリーズ
水素と金属　次世代への材料学
深井 有・田中 一英・内田 裕久 著　A5・272頁・本体3800円

水素脆性の基礎　水素の振るまいと脆化機構
南雲 道彦 著　A5・356頁・本体5300円

金属学のルーツ　材料開発の源流を辿る
齋藤 安俊・北田 正弘 編　A5・336頁・本体6000円

震災後の工学は何をめざすのか
東京大学大学院工学系研究科 編　A5・384頁・本体1800円

表示価格は税別の本体価格です．　　　http://www.ROKAKUHO.co.jp/

材料組織弾性学と組織形成
フェーズフィールド微視的弾性論の基礎と応用

小山 敏幸・塚田 祐貴 共著　A5・136頁・本体3000円

第1章　はじめに　本書で用いる変数一覧／本書で扱う応用数学における各種関係式／弾性論における各種関係式（微小歪理論に限定し有限変形は扱わない）
第2章　フェーズフィールド微視的弾性論の基礎　計算対象の設定／弾性場の計算式／まとめ
第3章　非等方弾性体における楕円体析出相問題　全歪のグリーン関数表記／楕円体析出相の弾性場に関する基礎式／弾性率が母相と析出相で異なる場合／析出相の安定形状
第4章　任意形態の組織における弾性場問題—純膨張—　組織の設定条件／弾性場の計算式／組織内の弾性場の計算
第5章　任意形態の組織における弾性場問題—せん断変形—　組織の設定条件／弾性場の計算式／組織内の弾性場の計算
第6章　弾性率がフィールド変数の関数である場合—弾性不均質問題—　反復計算に基づく解析法／発展方程式を用いる解析法
第7章　弾性拘束下における組織形成—Ni基超合金におけるγ'析出組織—　計算方法／計算条件／シミュレーション結果
付録1〜4

3D材料組織・特性解析の基礎と応用
シリアルセクショニング実験およびフェーズフィールド法からのアプローチ

（独）日本学術振興会「加工プロセスによる材料新機能発現」第176委員会
新家 光雄 編／足立 吉隆・小山 敏幸 著　A5・196頁・本体3800円

第I部　実験編
I 1.　はじめに　参考文献
I 2.　三次元材料組織の可視化実験　参考文献
I 3.　三次元材料組織の画像処理
I 4.　三次元材料組織の定量解析　体積率の評価（統計学的アプローチ）／連結性の評価（位相幾何学的アプローチ）／形態分率の評価（微分幾何学的アプローチ）／微分幾何学因子と成長速度／埋もれた界面の結晶方位解析／3Dフラクトグラフィー／積層性および周期性の評価／粒界の分岐現象と連結性の解析／参考文献
I 5.　三次元材料組織情報を用いた力学特性解析　有限要素法／ニューラルネットワーク予測／参考文献
I 6.　三次元材料組織情報と変形場解析　中性子線による平均弾性ひずみ分布測定／EBSD-Wilkinson法による局所弾性ひずみ分布測定／DIC法ならびにEBSD-KAM法による局所的塑性ひずみ測定／ECCI法による転位分布の観察／参考文献
I 7.　おわりに

第II部　計算編
II 1.　はじめに　参考文献
II 2.　三次元材料組織のフェーズフィールドモデリング　フェーズフィールド法／三次元二相分離組織の計算／三次元多結晶粒組織の計算／参考文献
II 3.　イメージベース材料特性計算　ミクロ組織内の弾性場解析（フェーズフィールド微視的弾性論に基づく計算）／マクロ力学特性の三次元組織形態依存性／特性計算に関する最近の動き／参考文献
II 4.　まとめ　参考文献

付録A1〜A5

材料学シリーズ

材料設計計算工学　計算熱力学編
CALPHAD法による熱力学計算および解析

阿部 太一 著　　　A5・208頁・本体3200円

第1章　熱力学基礎
CALPHAD法／熱力学基礎／相平衡／まとめ
第2章　熱力学モデル
純物質のギブスエネルギー／ギブスエネルギーの圧力依存性／磁気過剰ギブスエネルギー／ガス相のギブスエネルギー／溶体相のギブスエネルギー／ラティススタビリティ／副格子モデル／化学量論化合物のギブスエネルギー／副格子への分け方／不定比化合物のギブスエネルギー／平衡副格子濃度／規則-不規則変態をする化合物のギブスエネルギー／短範囲規則度／液相中の短範囲規則度／まとめ
第3章　計算状態図
ギブスエネルギーと状態図の関係／三元系状態図／状態図の相境界のルール／実際の計算状態図／アモルファス相の取り扱い／まとめ
第4章　熱力学アセスメント
実験データ／第一原理計算／熱力学アセスメントの手続き／熱力学アセスメント例（Ir-Pt二元系状態図）／熱力学アセスメントのキーポイント／まとめ
付録A1〜A10

材料学シリーズ

材料設計計算工学　計算組織学編
フェーズフィールド法による組織形成解析

小山 敏幸 著　A5・156頁・本体2800円

第1章　フェーズフィールド法　秩序変数について／全自由エネルギーの定式化／発展方程式／保存場と非保存場の発展方程式の物理的意味／問題
第2章　多変数系の熱力学　熱力学関係式／変数の拡張／一般的な多変数系への熱力学の拡張／問題
第3章　不均一場における自由エネルギー(1) —勾配エネルギー—　濃度勾配エネルギー／平衡プロファイル形状と勾配エネルギー係数について／まとめ／問題
第4章　不均一場における自由エネルギー(2) —弾性歪エネルギー—　弾性歪エネルギーの定式化／エシェルビーサイクル／スピノーダル分解理論における弾性歪エネルギー／ハチャトリアンの弾性歪エネルギー評価／まとめ／問題
第5章　エネルギー論と速度論の関係　拡散方程式と熱力学／非線形拡散方程式（カーン-ヒリアードの非線形拡散方程式）／まとめ／問題
第6章　拡散相分離のシミュレーション　A-B二元系におけるα相の相分離の計算／Fe-Cr二元系におけるα(bcc)相の相分離の計算／まとめ／問題
第7章　変位型変態のシミュレーション　計算手法／計算結果／まとめ／問題
第8章　おわりに　組織形成のモデル化法としてのフェーズフィールド法／材料特性を最適化する組織形態の探索法としてのフェーズフィールド法／フェーズフィールド法とマルチスケールシミュレーション／まとめ
付録A1〜A5

表示価格は税別の本体価格です．　　　http://www.rokakuho.co.jp/